高效种植致富直通车

图说 **葡萄病虫害**

诊断与防治

刘淑芳　编著

U0240855

机械工业出版社

本书以服务广大葡萄种植专业户和基层技术人员为出发点，在编写内容上力求科学严谨、简单实用、贴近生产，书中将葡萄园中发生的病害、虫害、生理性病害及缺素症、药害及不良环境反应，以及病虫害综合防治技术做了介绍，并辅以大量的彩色图片，便于读者识别和判断。

　　本书内容丰富、通俗易懂，适合广大葡萄种植专业户、农业技术生产与推广人员、葡萄科研人员等阅读，也可供农业院校果树、植保等专业师生参考。

图书在版编目（CIP）数据

图说葡萄病虫害诊断与防治/刘淑芳编著. —北京：机械工业出版社，2014.5（2024.2 重印）

（高效种植致富直通车）

ISBN 978-7-111-46517-1

Ⅰ. ①图…　Ⅱ. ①刘…　Ⅲ. ①葡萄-病虫害防治-图解　Ⅳ. ①S436. 631-64

中国版本图书馆 CIP 数据核字（2014）第 082733 号

机械工业出版社（北京市百万庄大街 22 号　邮政编码 100037）
总　策　划：李俊玲　张敬柱　　　　　策划编辑：高　伟　郎　峰
责任编辑：高　伟　郎　峰　李俊慧　　版式设计：常天培
责任校对：薛　娜　　　　　　　　　　责任印制：单爱军
北京虎彩文化传播有限公司印刷
2024 年 2 月第 1 版第 9 次印刷
140mm×203mm · 4. 25 印张 · 109 千字
标准书号：ISBN 978-7-111-46517-1
定价：25. 00 元

电话服务　　　　　　　　　　网络服务
客服电话：010-88361066　　机 工 官 网：www.cmpbook.com
　　　　　010-88379833　　机 工 官 博：weibo.com/cmp1952
　　　　　010-68326294　　金 　书 　网：www.golden-book.com
封底无防伪标均为盗版　　机工教育服务网：www.cmpedu.com

序

　　园艺产业包括蔬菜、果树、花卉和茶等，经多年发展，园艺产业已经成为我国很多地区的农业支柱产业，形成了具有地方特色的果蔬优势产区，园艺种植的发展为农民增收致富和"三农"问题的解决做出了重要贡献。园艺产业基本属于高投入、高产出、技术含量相对较高的产业，农民在实际生产中经常在新品种引进和选择、设施建设、栽培和管理、病虫害防治及产品市场发展趋势预测等诸多方面存在困惑。要实现园艺生产的高产高效，并尽可能地减少农药、化肥施用量以保障产品食用安全和生产环境的健康离不开科技的支撑。

　　根据目前农村果蔬产业的生产现状和实际需求，机械工业出版社坚持高起点、高质量、高标准的原则，组织全国 20 多家农业科研院所中理论和实践经验丰富的教师、科研人员及一线技术人员编写了"高效种植致富直通车"丛书。该丛书以蔬菜、果树的高效种植为基本点，全面介绍了主要果蔬的高效栽培技术、棚室果蔬高效栽培技术和病虫害诊断与防治技术、果树整形修剪技术、农村经济作物栽培技术等，基本涵盖了主要的果蔬作物类型，内容全面，突出实用性、可操作性、指导性强。

　　整套图书力避大段晦涩文字的说教，编写形式新颖，采取图、表、文结合的方式，穿插重点、难点、窍门或提示等小栏目。此外，为提高技术的可借鉴性，书中配有果蔬优势产区种植能手的实例介绍，以便于种植者之间的交流和学习。

　　丛书针对性强，适合农村种植业者、农业技术人员和院校相关专业师生阅读参考。希望本套丛书能为农村果蔬产业科技进步和产业发展做出贡献，同时也恳请读者对书中的不当和错误之处提出宝贵意见，以便补正。

中国农业大学农学与生物技术学院

2014 年 5 月

前　言

　　葡萄是世界上栽培最早、分布最广且栽培面积最大的果树之一，不仅味美可口，而且营养价值极高，被誉为"世界四大水果之首"。据联合国粮食及农业组织（FAO）2012 年统计，世界葡萄栽培面积为 708.6 万公顷，产量为 6965.5 万吨，在世界水果产量中仅次于香蕉和苹果。我国葡萄栽培面积为 66.5 万公顷，产量为 1054 万吨，尤其是鲜食葡萄，其面积和产量均位居世界第一。近年来，北方主要传统葡萄产区凭借比较优越的自然条件和丰富的栽培经验，其葡萄生产得到了快速发展，而一些新区，包括南方地区也开始积极种植葡萄。葡萄生产已遍及全国各地，呈现良好的发展态势。

　　我国葡萄果品质量一直在低水平徘徊，这主要是由于受到地理环境、异常气候和农业生态环境变化的影响；加之新品种引进和栽培管理制度的改变，葡萄病虫害的发生也趋于复杂化，常规病虫害的发生面积逐渐扩大，次要病虫害有上升为主要病虫害的趋势，一些新的病虫害威胁加大。由于新技术普及程度不高，葡萄生产中普遍存在着病虫害防治技术陈旧、农药使用不科学等问题，这不仅制约着果品产量和品质的提高，还严重影响了果品的市场竞争力和生产效益。特别是生产优质、安全、无公害的果品，对技术提出了更高的要求。

　　本书以服务广大葡萄种植专业户和基层技术人员为出发点，在编写内容上力求科学严谨、简单实用、贴近生产。书中将葡萄园中发生的病害、虫害、生理性病害及缺素症、药害及不良环境反应和病虫害综合防治技术做了介绍，并辅以大量的彩色图片，便于读者识别和判断；对需特别注意的地方，设有"提示""注意"等。需要特别说明的是，本书所用药物及其使用剂量仅供读者参考，不可照搬。在生产实际中，所用药物学名、常用名和实际商品名称有差异，药物浓度也有所不同，建议读者在使用每一种药物之前，参阅厂家提供的产品说明以确认药物用量、用药方法、用药时间及禁忌等。

　　本书在编写过程中，参考和引用了很多国内外书籍和文献中的内容，在此对那些被引用的书籍和文章的作者表示感谢。

　　由于编者专业水平有限，书中错误和疏漏之处在所难免，敬请广大读者和同行专家给予批评指正。

编著者

目　录

序

前言

一、葡萄病害

二、葡萄虫害

三、葡萄生理性病害及缺素症

四、葡萄药害及不良环境反应

五、葡萄病虫害综合防治技术

附录

参考文献

一、葡萄病害

我国葡萄病害有 40 多种，比较常见的有 20 多种，不同果园常年需要防治的病害累计有 8～10 种，其中主要病害 4～6 种（霜霉病、白腐病、黑痘病、穗轴褐枯病等）。其他许多病害均属偶发性病害或零星发生病害，一般不需防治或不需单独防治，在防治主要病害时考虑兼治即可。

1. 霜霉病 >>>>

葡萄霜霉病在我国各葡萄产区均有发生，为葡萄的重要病害之一。病害严重时，病叶焦枯早落、病梢生长停滞、严重削弱树势，对产量和品质影响很大。

【为害症状】霜霉病可为害葡萄的所有绿色幼嫩组织，如叶片、花蕾穗、果穗、嫩梢、卷须等，有时也可导致老叶发病，其主要症状特点是在病部表面产生白色霜霉状物。发病严重时，常造成大量落叶、落果。

1）叶片：以幼嫩叶片受害最为严重。初期先在叶片背面看到白色霜霉状物，正面无异常表现；随病情发展，叶正面逐渐出现黄褐色病斑（图 1-1），边缘不明显，叶背面白色霜霉状物常布满叶片大部甚至整个叶背面（图 1-2）；随后，病部变黄枯死，多呈多角形病斑；严重时，病叶焦枯、卷缩（图 1-3），甚至脱落，造成早期落叶。有时老叶也可受害，多在叶背面产生比较密厚的白色霜霉状物，且霉状物斑块较小，多呈多角形，风吹霜霉状物可以产生"白烟"；

图 1-1　霜霉病叶片正面症状

图 1-2　霜霉病叶片背面症状

相对应叶正面出现多角形褪绿黄斑（图1-4），或变褐枯死；有时霉状物也可产生在变褐枯死的组织上。严重时，白色霜霉状物也可在叶片正面产生，但量少且少见。

图1-3　霜霉病严重时
叶片焦枯、卷缩

图1-4　霜霉病为害老叶症状

2）花蕾及幼穗轴：初期表面呈浅褐色病变，边缘不明显，而后表面逐渐产生较长的白色霜霉状物，后期花蕾变浅褐色萎蔫。果穗受害，多从穗轴及果柄开始发生，初期穗轴及果柄变浅褐色，其表面逐渐产生较稀疏的白色霜霉状物；幼果粒受害，表面多先产生白色霜霉状物，而后变为浅褐色至褐色，凹陷皱缩，甚至脱落。

3）果粒：膨大期果粒受害，多从果柄基部开始发病，初为褐色病斑，后逐渐皱缩凹陷，边缘不明显，病斑表面可产生稀疏的白色霜霉状物，病果粒容易脱落（图1-5）；中后期果粒受害，也多从果柄基部开始发生，形成边缘不明显的褐色凹陷病斑，表面一般不产生霜霉状物，病果粒容易脱落，或干缩在果穗上。

图1-5　霜霉病为害果实症状

4）嫩梢：初期呈浅黄色水渍状病斑，渐变为黄褐色至黑褐色，病部稍凹陷，潮湿时表面产生稀疏的白色霜霉状物。病梢生长停滞，扭曲变形，甚至枯死。

[病原] 葡萄霜霉病是由鞭毛菌亚门单轴霉菌［*Plasmopara viticola*（Berk. et Curtis）Berl. et de Toni］侵染所致。该菌为专性寄生菌，只危害葡萄。游动孢子囊梗由植物表皮气孔伸出，直角或近直角分枝 3~6 次，分枝末端长 2~4 个小梗，上生孢子囊，这就是肉眼所见的霜霉。孢子囊梗常多根丛生，无色透明，（300~400）μm×（7~9）μm。游动孢子囊卵形或椭圆形，顶端有乳突，无色，（12~30）μm×（8~18）μm。孢子囊在水中萌发时产生无色、双鞭毛、肾形的游动孢子。

葡萄生长后期，在寄主叶片海绵组织内形成卵孢子。卵孢子球形、褐色、厚壁、表面平滑或有皱褶，直径 30~35μm。

[发病规律] 病菌主要以卵孢子在病残体内或随病残体在土壤中越冬，在土壤中可存活 2 年以上。温暖地区也可以菌丝体在枝条、幼芽中越冬。来年环境条件适宜时，卵孢子或菌丝体萌发产生孢子囊，再以孢子囊内产生的游动孢子借风雨传播。

温湿度条件对发病和流行影响很大。葡萄霜霉病多在秋季发生，是葡萄生长后期的病害，冷凉潮湿的气候有利于发病。

孢子囊形成的温度范围为 5~27℃，最适为 15℃，相对湿度要求在 95%~100%；孢子囊萌发的温度范围为 12~30℃，最适温度为 18~24℃，须有液态水。因此，在少风、多雨、多雾或多露的情况下最适发病。阴雨连绵除有利于病原菌孢子的形成、萌发和侵入外，还会刺激植株产生易感病的嫩叶和新梢。

病害的发生、发展还同果园环境和寄主状况有关。果园的地势低洼，植株密度过大，棚架过低，通风透光不良，树势衰弱，偏施、迟施氮肥使秋季枝叶过于茂密等有利于病害的发生流行。

葡萄细胞液中钙、钾比例也是决定抗病力的重要因素之一，含钙多的葡萄抗病能力强。植株幼嫩部分的钙、钾比例比成龄部分小，因此，嫩叶和新梢容易感病。含钙量与品种的吸收能力及土壤、肥料中的钙含量有关。

〔防治方法〕

霜霉病防治以药剂防治为主，及时摘心，促进果园通风透光、降低小气候湿度为辅，且药剂防治时必须喷药及时、均匀周到。在采用抗病品种的基础上，配合清洁果园、加强栽培管理和药剂保护等综合防治措施。

1）选用抗病品种：美洲系葡萄品种较抗病，欧亚系葡萄品种较感病。抗病品种有康拜尔、北醇等；中抗品种有巨峰、先锋、早生高墨、龙宝、红富士、黑奥林、高尾等巨峰系列品种。新玫瑰香、甲州、甲斐路、粉红玫瑰、里查玛特及我国的山葡萄等为感病品种。

2）搞好果园卫生，减少越冬菌源：落叶后先在树上后树下彻底清扫落叶、落果，集中带到园外烧毁，避免带病落叶及病残体入土越冬。千万不能将病叶埋于葡萄园内。

3）加强果园管理：增施有机肥，适当增施钙肥及磷肥，少施氮肥，控制钾肥，提高葡萄抗病能力。及时摘心打杈，清除近地面的枝蔓、叶片，增强园内通风透光，降低小气候湿度，低洼果园注意及时排水、通风散湿，创造不利于病害发生的环境条件。

4）喷药防治：药剂防治是目前霜霉病防治的最主要措施（图1-6），其中最关键的环节是首次喷药时间。当昼夜平均气温达13~15℃同时又有雨、露等高湿条件出现时，即为第一次喷药时间。一般从开花前或落花后开始喷药，10天左右1次，连续喷施，直到果实采收或雨、露条件不再出现；若

图1-6 霜霉病病叶治愈后

果实采收后雨、露较多，则还需喷药1~3次，甚至更多。具体喷药间隔期视降雨情况或湿度条件而定，多雨潮湿时间隔也短，少雨干旱时间隔可适当延长。

目前防治霜霉病的药剂主要分为保护性杀菌剂和治疗性杀菌剂两大类。常用的保护性杀菌剂有77%硫酸铜钙可湿性粉剂600~800

倍液、80%波尔多液可湿性粉剂400～600倍液、80%代森锰锌可湿性粉剂600～800倍液、70%丙森锌可湿性粉剂400～600倍液、50%克菌丹可湿性粉剂600～800倍液、70%代森联水分散粒剂600～800倍液等。常用的治疗性杀菌剂有85%波尔·甲霜灵可湿性粉剂600～800倍液、85%波尔·霜脲氰可湿性粉剂600～800倍液、72%甲霜·锰锌可湿性粉剂600～800倍液、90%三乙膦酸铝可溶性粉剂600～800倍液、50%烯酰吗啉水分散粒剂1500～2000倍液、72%霜脲·锰锌可湿性粉剂600～800倍液、66.8%丙森·缬霉威可湿性粉剂700～1000倍液、60%唑醚·代森联水分散粒剂1000～1500倍液、69%烯酰·锰锌水分散粒剂600～800倍液等。

📢 **提示**

1. 具体用药时，保护性杀菌剂和治疗性杀菌剂应交替使用，且不同类型治疗性杀菌剂也要交替使用，以免病菌产生抗药性。

2. 喷药时必须喷洒均匀周到，使叶片正面、背面及果穗表面均要着药。

3. 采收前一个半月以内尽量不要使用波尔多液及代森锰锌，以免药液污染果面，影响果品质量。

2. 白腐病 >>>>

葡萄白腐病又称水烂病、穗烂病，是葡萄的重要病害之一。我国北方产区一般年份果实损失率为15%～20%，病害流行年份果实损失率可达60%以上。

【为害症状】 白腐病主要为害果穗，也为害枝梢和叶片等部位。

1）果穗：一般是从近地面果穗下部开始，逐渐向上蔓延。初期穗轴和果柄上产生浅褐色、水渍状、边缘不明显的病斑，病部皮层腐烂，手捏皮层易脱落，病组织有土腥味；后病斑逐渐向果粒蔓延，导致果粒从基部开始腐烂，病斑无明显边缘（图1-7），果粒受害初期极易受振脱落，甚至脱落果粒表面无明显异常，只是在果柄处形成离层；重病园地面落满一层果粒；随病斑扩展，整个果粒呈褐色软腐；严重时全穗腐烂（图1-8）；后期果柄、穗轴干枯缢缩，不脱落的果粒干缩后呈猪肝色僵果，挂在蔓上长久不落（图1-9）。随病情发展，病果粒及病穗轴表面逐渐生灰褐色小粒点，粒点上溢出灰白色黏液；黏液多时使果粒似灰白色腐烂，故称其为"白腐病"。其严重危害果园，园外常堆满大量烂果。

图1-7 白腐病发病后
果粒开始腐烂

图1-8 白腐病果穗
全穗腐烂

2）枝梢：病斑初呈水渍状，浅褐色至深褐色，不规则形；后病斑沿枝蔓迅速纵向发展，形成长条形病斑，病斑中部呈褐色凹陷，边缘颜色较深。当病斑绕枝蔓一周时，导致上部枝、叶生长衰弱，果粒软化；严重时造成上部枝、叶逐渐变褐枯死，病斑及枝蔓表面密生灰褐色至深褐色小粒点。在较幼嫩枝蔓上的病斑，后期表皮纵裂，与木质部剥离，肉质部分腐烂分解，仅残留维管束，呈"披麻状"，且病部

图1-9 白腐病后期果
穗症状

7

上端愈伤组织多形成瘤状隆起。

3）叶片：多在叶尖、叶缘处开始，初呈水渍状浅褐色近圆形或不规则形斑点，后逐渐扩大成近圆形褐色大斑，直径多在2cm以上，并有同心轮纹；后期病斑干枯易破裂（图1-10）。病叶湿润，病斑迅速扩大，形成边缘不明显大斑，并在新发展病斑表面散生许多灰褐色小斑点。有时叶柄也可受害，形成浅褐色腐烂病斑。叶片受害，主要发生在老叶上。

图1-10　白腐病叶片症状

[病原]　葡萄白腐病是由半知菌亚门盾壳霉属［*Coiothyrium diplodiella*（Speq.）Sacc.］侵染引起的。分生孢子器散生于寄主表皮下，呈灰白色或灰褐色；球形或扁球形，顶端稍突起，器壁厚，大小为（118～146）μm×（91～146）μm。分生孢子梗着生于分生孢子器底部，单胞，不分枝，浅褐色，长12～22μm。分生孢子单胞，为褐色至暗褐色椭圆形或卵圆形，一端稍尖，内含1～2个油球，大小为（8.9～13.2）μm×（4.8～6）μm。病菌发育最适温度为25～30℃，最高温度35℃，最低温度5～12℃。分生孢子在13～34℃间均能萌发，在空气湿度达饱和状态下，萌发率可达80%。分生孢子器内的分生孢子，在自然界比较干燥的情况下，能保持生活力8～10个月；如果保藏于实验室内，能保持生命力达7年之久。故分生孢子对于不适宜的环境条件，有着很强的抵抗力。分生孢子萌发需要少量糖分的刺激，所需糖分，最低含糖量为0.01%，最适为2%，在0.001%的含糖量中不能萌发。

[发病规律]　病菌主要以分生孢子器和菌丝体在病残体和土壤中越冬，病菌在土壤中可存活2年以上，且以表土5cm深最多。另外，病菌也可在病枝蔓上越冬，越冬病菌主要靠雨水迸溅传播。

受害部位发病后产生的病菌孢子借雨水传播可以进行多次再侵染。白腐病菌主要通过伤口、密腺侵入，一切造成伤口的因素如暴风雨、冰雹、裂果、生长伤等均可导致病害严重发生。在适宜条件下，白腐病的潜伏期最短为 4 天，最长为 8 天，一般 5 ~ 6 天。由于该病潜伏期较短，再次侵染次数多，所以白腐病是一种流行性很强的病害。

白腐病主要为害葡萄的老熟组织，属于葡萄中后期病害。果实受害，多从果粒着色前后或膨大后期开始发病，越接近成熟受害越重。因此，高温高湿的气候条件是该病害发生和流行的主要因素。葡萄生长中后期，每次雨后都会出现一个发病高峰，特别是在暴风雨或冰雹之后，造成大量伤口，病害更易流行。另外，果穗距地面越近，发病越早、越重。据北方葡萄产区统计，50% 以上的白腐病果穗发生在距地面 80cm 以内。

[防治方法] 防治白腐病为害主要以防止果实受害为主，铲除病菌来源、阻止病菌向上传播、防止果实受伤、喷药保护果实等措施是防治该病的关键。

1）加强栽培管理：增施有机肥和磷、钾、钙肥，培育壮树，提高树体的抗病能力。在生长季节及时清除病果、病叶、病蔓；秋季采后剪除病枝蔓，清除地面病残组织，带出园外集中销毁；提高结果部位，及时摘心、绑蔓、去副梢，以利通风透光；清除杂草、搞好排水工作，以降低园内湿度。

2）铲除越冬病菌：落叶后彻底清除架上、架下的各种病残组织，集中带到园外销毁，千万不能把病残体埋在园内。春季葡萄上架后发芽前，及时喷施 1 次 30% 戊唑·多菌灵悬浮剂 300 ~ 400 倍液，或 50% 福美双可湿性粉剂 200 ~ 300 倍液，铲除枝蔓附带病菌。

3）及时喷药保护：重病园可在发病前于地面撒药灭菌。常用药剂为 50% 福美双可湿性粉剂 1 份、硫黄粉 1 份、碳酸钙 1 份混合均匀，每亩撒 1 ~ 2kg 药剂，或用灭菌丹 200 倍液喷地面。

从历年发病前 7 天左右开始喷药，或从果粒开始着色前 5 ~ 7 天或果粒长成该品种应有的大小时开始喷药，以后每 10 ~ 15 天喷药 1 次，直到采收。常用药剂有 80% 代森锰锌可湿性粉剂 600 ~ 800 倍液、50% 退菌特可湿性粉剂 800 ~ 1000 倍液、30% 戊唑·多菌灵悬浮剂 800～1000 倍液、50% 福美双可湿性粉剂 600～800 倍液、10% 苯醚甲环唑水分散粒剂 2000～3000 倍液、50% 多菌灵可湿性粉剂 1000 倍液、40% 氟硅唑乳油 6000～8000 倍液等。喷药时，若逢雨季，可在配制好的药液中加入 0.5% 皮胶或其他展着剂，以提高药液黏着性。

⚠️ **注意**

　　1. 不套袋果采收前 1 个月内尽量不要使用代森锰锌，以免污染果面。

　　2. 套袋果套袋前必须使用上述药剂均匀地喷洒果穗 1 次，套袋后不再用药。

　　3. 氟硅唑对果面果粉有刷除作用，需要慎重选用。用药时必须均匀周到，使整个果穗内外均要着药。

3. 炭疽病 >>>>

　　葡萄炭疽病又名葡萄晚腐病，是影响产量的重要病害，果穗、枝梢和叶片均可受害，近成熟期的果穗受害最重。全国各地均有分布，发病严重年份会造成果实大量腐烂。病害引起的损失，因地区、年份和品种感病性的不同而异，以高温多雨的地区最为严重。

　　〔为害症状〕葡萄炭疽病发生在果粒、穗轴、花穗、叶片、卷须和新梢等部位，但主要为害果粒。

　　1）果粒：发病初期，幼果表面出现黑色、圆形、蝇粪状斑点（图 1-11），但由于幼果含酸量高、果肉坚硬限制了病菌的生长，病斑在幼果期不扩大、不发展，也不形成分生孢子，病部只限于表皮。果粒典型的发病是从着色期开始，此时果粒柔软多汁，含糖量增加，酸度下降，病斑扩大较快，进入发病盛期。最初在病果表面出现圆形针头大小、浅褐色圆形小斑点，后来斑点不断扩大并凹陷，在表面逐渐长出轮纹状排列的小黑点（分生孢子盘）（图 1-12）。当天气潮湿时，分生孢子盘中可排出绯红色的黏质孢子块，发病严重的果粒软腐易脱落，发病较轻的病果粒多不脱落，整个僵果穗仍挂在枝蔓上，逐渐干枯，最后变成僵果。

图1-11 炭疽病病果初期症状

图1-12 炭疽病病果出现轮纹状分生孢子盘

2）叶片与新梢：叶片与新梢的病斑很少见，主要在叶脉与叶柄上出现长圆形、深褐色斑点，表面隐约可见绯红色分生孢子块，但不如果粒明显。有些葡萄品种叶片症状较明显（图1-13），尤以生长旺盛、叶型较大、较厚的品种最为突出，如龙眼、白鸡心等；叶片较少、较薄的品种如玫瑰香发生较少。

图1-13 炭疽病为害叶片症状

3）果梗及穗轴：果梗及穗轴发病产生深褐色长椭圆形病斑，使整穗果粒干缩，潮湿时病斑表面长出绯红色病原物。当年新梢和结果母枝也发生炭疽病，但无明显症状，只潜伏病原菌。

［病原］ 葡萄炭疽病是由围小丛壳菌［*Glomerella cingulata*

（Sron） Spauldet Schrenk〕侵染引起的，属子囊菌亚门。无性时期为胶孢炭疽菌〔*Colletrichum gloeosporioides* Penz〕，属半知菌亚门真菌。子囊壳半埋生在组织内，常数个聚生，梨形或近球形，深褐色，有短喙，周围具褐色菌丝状物及黏胶质，大小为（125～320）μm×（150～204）μm；壳内有束状排列的子囊。子囊棍棒状，无色，大小为（55～70）μm×（9～16）μm，内有8个子囊孢子，为椭圆形或稍弯呈香蕉状，单胞无色，大小为（12～28）μm×（3.5～7）μm。

〔**发病规律**〕 病菌主要以菌丝体在一年生枝蔓表皮、病果或在叶痕处、穗梗及节部等处越冬，尤以近节处的皮层较多。第二年春天降雨时枝条湿润，如果气温高于15℃则形成分生孢子。分生孢子通过风、雨、昆虫等传到果穗上，孢子萌发后直接侵入果皮、皮孔或伤口，引起初侵染。炭疽病菌有潜伏侵染的特性，幼果被侵染后，潜育期长达10～30天，到近成熟时才表现明显的症状，但在近成熟果上侵染的潜育期仅有3～5天。一年中病菌可多次再侵染。果穗发病以第一穗为多，且具有集中发病的特征。病菌也可侵入叶片、新梢、卷须等组织内，但不表现出病斑，外观看不出异常，这种带菌的新梢将成为下一年的侵染源。

〔**防治方法**〕 炭疽病防治以套袋配合喷药预防为主，结合铲除越冬病菌。

1）消除越冬菌源：结合修剪清除病枝梢、病穗梗、僵果、卷须；扫尽落地的病残体及落叶，集中烧毁。春季葡萄发芽前喷1次45%代森铵200～300倍液或3～5波美度石硫合剂，以铲除枝蔓上潜伏的病菌，清除初侵染源。

2）加强栽培管理：生长期要及时摘心，合理夏剪，适度负载，及时清除剪下的嫩梢和卷须，提高果园的通风透光性，注意中耕排水，尽可能降低园中湿度。科学合理施肥，增施有机肥、钾肥，注意氮、磷、钾的配比，切忌氮肥过多，还要及时补充微量元素，以增强树势，提高抵抗能力。收获后，要及时清除损伤的嫩枝及损伤严重的老蔓，增强园内的透光性。

3）喷药保护：坚持"及早预防，突出重点"的原则。以病菌孢子最早出现的日期，作为首次喷药的依据。一般从落花后半个月左右开始喷药，前期 10 ~ 15 天喷药 1 次，果粒将开始转色后或从膨大后期开始 10 天左右喷药 1 次，直到果实采收。对炭疽病预防效果好的保护性杀菌剂有 25% 苯醚甲环唑 6000 倍液、77% 氢氧化铜 800 倍液、1.5% 噻霉酮 600 倍液、25% 溴菌腈 800 ~ 1000 倍液、50% 福美双可湿性粉剂 500 ~ 800 倍液、75% 百菌清可湿性粉剂 500 ~ 800 倍液、或 65% 代森锌可湿性粉剂 500 ~ 600 倍液等，进行喷药治疗。

提示

1. 雨后要补喷药液，并喷强力杀菌剂，以杀死将要萌发侵入的孢子。

2. 果实采收前可喷保护性杀菌剂，以减少果实中的农药残留。

3. 为了提高药效和增加黏着性，减少雨水冲刷，可在药液中加入皮胶 3000 倍液或其他黏着剂。

 4. 黑痘病 >>>>

葡萄黑痘病又名疮痂病，俗称"鸟眼病"。我国葡萄产区均有分布，是葡萄重要病害之一。枝、叶、果均可受害，尤其是果实受害，极大地降低了商品价值。春、夏两季多雨潮湿时发病最重，常造成巨大损失。

【为害症状】黑痘病主要为害葡萄的绿色幼嫩部分，叶、果实、新梢、卷须均可发病，尤其是幼嫩的组织更易被害，老组织一般不受害。各部位的症状大致相同，最初都是圆形黑褐色小斑点，逐渐扩大成为稍凹陷的椭圆形病斑，长 2 ~ 5mm，中央部分灰白至褐色，周缘黑褐色似鸟眼状，有时病斑连成一片。

1) 叶片：初为红褐色至黑褐色斑点，周围有黄色晕圈，然后病斑扩大呈圆形或不规则形，中央部分变为灰白色，稍凹陷，边缘褐色或紫色,直径 1~4mm,并沿叶脉连串发生。干燥时病斑中央破裂穿孔,但周缘仍保持紫褐色的晕圈,病斑较多时可造成卷叶。叶脉出现梭形凹陷,灰色或灰褐色,边缘暗褐色,组织干枯,常使叶片扭曲、皱缩,枝梢顶部的嫩叶畸形最明显。病斑可相互连接成片,终至全叶干枯。若开花期开始发病,则花变黑枯死,授粉差。

2)幼果:初为圆形深褐色小斑点(图1-14),逐渐扩大,中央凹陷呈灰白色,外部仍为深褐色,周围边缘一圈鲜红至紫褐色的轮纹状,直径 2~5mm,该病斑极似鸟眼,故又名"鸟眼病"(图1-15)。病斑仅限于果皮,不深入果肉,多个病斑可连接成大斑,后期病斑硬化或龟裂,病果小而酸,失去食用价值,严重时整个果变黑枯死,染病较晚的果粒仍能长大,病斑凹陷不明显,但果味较酸。空气潮湿时,病斑出现乳白色黏状物。

图1-14　黑痘病初期症状

图1-15　黑痘病后期症状

3)新梢:病斑初为圆形或长圆形斑点,褐色,稍隆起,扩展后成长圆形病斑,中央灰褐色,边缘褐色至深褐色,凹陷,后期病斑中部多开裂,维管束外露,严重时病斑连片,甚至新梢枯死。

4)穗轴、叶柄、果梗和卷须:其症状表现与新梢相似(图

1-16)，可使全穗发育不良，或使果实干枯、脱落。

[病原] 葡萄黑痘病病原菌是葡萄痂囊腔菌 [*Elsinoe ampelina*（de Bary）Shear]，属子囊菌亚门，有性阶段较少见，在田间主要是无性阶段发病。病菌在病斑的外表形成分生孢

图 1-16 黑痘病为害叶柄症状

子盘，半埋生于寄生组织内。分生孢子盘含短小、椭圆形、密集的分生孢子梗。顶部生有细小、卵形、透明的分生孢子，大小（4.8 ~ 11.6）μm×（2.2 ~ 2.7）μm，具有胶粘胞壁和 1 ~ 2 个亮油球。在水上分生孢子产生芽管，迅速固定在基物上，秋天不再形成分生孢子盘，但在新梢病部边缘形成菌块即菌核，这是病菌主要越冬结构。春天菌核产生分生孢子。

子囊在子座梨形子囊腔内形成，大小为（80 ~ 800）μm×（11 ~ 23）μm，内含 8 个黑褐色、四胞的子囊孢子，大小为（15 ~ 16）μm×（4 ~ 4.5）μm。子囊孢子在温度 2 ~ 32℃萌发，侵染组织后生成病斑，并形成分生孢子，这就是病菌的无性阶段。

[发病规律] 黑痘病是一种高等真菌性病害，病菌主要在病果、病叶、病枝蔓等病残体上越冬。第二年病菌产生分生孢子，借风雨传播，直接侵染进行为害。潜育期一般为 3 ~ 7 天，田间有多次再侵染的现象。带病苗木、插条的调运可以进行远距离传播。

黑痘病主要为害葡萄的幼嫩组织，植株幼嫩生长阶段多雨潮湿有利于病害发生；幼嫩生长阶段干旱少雨或进入雨季后组织已经老熟，则不易发病。一般来说，开花前后至幼果期多雨，黑痘病可能会严重发生。管理粗放、嫩梢处理不及时的果园，可能会发病较重。

[防治方法]

1）苗木消毒：由于黑痘病的传播主要通过带病菌的苗木或插条，因此，葡萄园定植时应选择无病的苗木，或进行苗木消毒处理。

常用的苗木消毒剂有：①10% ~ 15% 的硫酸铵溶液；②3% ~ 5% 的硫酸铜溶液；③硫酸亚铁硫酸液（10% 的硫酸亚铁加 1% 的粗硫酸）；④3 ~ 5 波美度石硫合剂等。方法是将苗木或插条在上述任一种药液中浸泡 3 ~ 5min 取出即可定植或育苗。

2）彻底清园：由于黑痘病的初侵染主要来自病残体上越冬的菌丝体，因此，做好冬季的清园工作，减少次年初侵染的菌源数量对减缓病情的发展有重要的意义。冬季进行修剪时，剪除病枝梢及残存的病果，刮除病、老树皮，彻底清除果园内的枯枝、落叶、烂果等。然后集中烧毁。再用铲除剂喷布树体及树干四周的土面。常用的铲除剂有：①3 ~ 5 波美度石硫合剂；②80% 五氯酚原粉稀释200 ~ 300 倍水，加 3 波美度石硫合剂混合液；③10% 硫酸亚铁加1% 粗硫酸。

⚠ **注意**　铲除剂用药时期以葡萄芽鳞膨大，但尚未出现绿色组织时为好。过晚喷洒会发生药害，过早效果较差。

3）利用抗病品种：不同品种对黑痘病的抗性差异明显，葡萄园定植前应考虑当地生产条件、技术水平，选择适于当地种植，具有较高商品价值，且比较抗病的品种。如巨峰品种，对黑痘病属中抗类型，其他如康拜尔、玫瑰露、白香蕉等也较抗黑痘病，可根据各地的情况选用。

4）加强管理：除搞好田间卫生，尽量减少菌源外，应抓紧田间管理的各项措施，尤其是合理的肥水管理。葡萄园定植前及每年采收后，都要开沟施足优质的有机肥料，保持强壮的树势；追肥应使用含氮、磷、钾及微量元素的全肥，避免单独、过量施用氮肥，平地或水田改种的葡萄园，要搞好雨后排水，防止果园积水。行间除草、摘心、绑蔓等田间管理工作都要做得勤快及时，使园内有良好的通风透光状况，降低田间温度。这些措施都利于增强植株的抗性，而不利于病菌的侵染、生长和繁殖。

5）药剂防治：常用药剂有 30% 戊唑·多菌灵悬浮剂 800 ~ 1000

倍液、70%甲基硫菌灵可湿性粉剂 800～1000 倍液、50%多菌灵可湿性粉剂 600～800 倍液、10%苯醚甲环唑水分散粒剂 2000～2500 倍液、80%代森锰锌可湿性粉剂 600～800 倍液、50%克菌丹可湿性粉剂 600～700 倍液、25%戊唑醇水乳剂 2000～2500 倍液、70%丙森锌可湿性粉剂 500～600 倍液、60%唑醚·代森联水分散粒剂1000～1500 倍液等。

📢 **提示** 药剂防治关键为喷药时期。在江淮流域和南方葡萄产区，从萌芽后半月左右开始喷药，10～15 天 1 次，连续喷至落花后半个月左右。在北方葡萄产区，开花前、落花 70%～80%、落花后 15 天左右是药剂防治黑痘病的 3 个关键时期，各喷 1 次，即可有效控制黑痘病的发生为害。

5. 白粉病 >>>>

葡萄白粉病在全国各产区均有分布，以中部和西北地区发生较重。生长前期白粉病影响坐果和果粒的生长发育；后期引起果粒的开裂，影响生长，降低葡萄的产量与质量及抗寒能力。

〔为害症状〕 白粉病主要为害葡萄的叶片、果穗及幼嫩枝蔓等绿色组织，发病后的主要症状特点是在受害部位表面产生一层白粉状物。

1）叶片：最初失绿，随后在叶片正面产生白色粉斑或灰白色斑块，边缘不明显，大小不等（图 1-17）；随病情发展，后期白粉可布满全叶，但白粉状物较薄；有时白粉状物较少，病组织呈浅红褐色。严重时，病叶逐渐卷缩、枯萎而脱落。

2）果粒：表面初产生白色粉斑或黑褐色星芒状线纹，继而其上覆盖一层白粉状物，病果粒不易增大，小而味酸，后期易枯萎脱落（图 1-18）。果粒膨大中后期受害，表面多形成黑褐色网状线纹，病果易开裂，有时表面可产生稀疏的白粉，病果生长停滞，发育受阻，逐渐硬化变成畸形。果皮薄的品种，受害后往往果实开裂。

17

图1-17 白粉病为害叶片症状　　图1-18 白粉病为害果实症状

3）嫩梢及穗轴：初为灰白色小斑点，不断扩大蔓延，可使全蔓受害。随病势的发展，被害枝蔓逐渐由灰白色变成暗灰色、红褐色，终至黑色。表面多产生黑褐色霉斑或网状线纹，有时其表面也可产生稀疏的白粉。

〔病原〕 葡萄白粉病是由葡萄钩丝壳菌［*Uncinula necator* (Schw.) Burr.］寄生引起，属子囊菌亚门。是一种专性寄生菌，不能人工培养。本菌寄生葡萄科数个属，即葡萄属、爬山虎属、白粉藤属、蛇葡萄属。病菌表面生有半永久、有隔膜和透明的菌丝，具有多裂片的附着胞，它形成突破短桩、突破角皮层和细胞壁后，在表皮细胞内形成球状吸器。

菌丝直径 4～5μm，形成多隔膜分生孢子梗（长 10～400μm），菌丝匍匐生长，而分生孢子梗与菌丝垂直，生长颇密。分生孢子透明，圆筒形至卵圆形，单胞，内含颗粒。孢子呈念珠状串生，最老的孢子在串的顶端。在田间的孢子串很短，只有 3～5 个孢子。

相对配对型菌丝融合，形成闭囊壳。闭囊壳呈球形，直径80～105μm，在寄主所有感病部位的表面发生。闭囊壳有长形、带弹性和多隔膜附属丝，成熟时顶端呈独特的钩形。闭囊壳色泽由白变黄，成熟时呈黑褐色，含有 4 ~ 6 个子囊，子囊卵圆形至近球形，无色，大小为（50 ~ 60）μm×（25 ~ 35）μm。子囊含 4 ~ 7 个卵形至椭圆形透明子囊孢子，成熟时多为 4 个，子囊孢子无色，单胞，大小为（20 ~ 25）μm×（10 ~ 12）μm。活的子囊孢子萌发时形成一条或多条短芽管，而后每个芽管迅速形成多裂片附着胞。

〔发病规律〕 病菌以菌丝体在葡萄冬眠芽内或被害组织内越冬，温室内以菌丝体和分生孢子越冬。越冬后的病菌随葡萄萌芽活动，河北省南部及河南一带在 5 月中上旬产生分生孢子，借风雨传播并进行侵染，5 月中下旬新梢和叶片开始发病，6 月中下旬至 7 月中下旬果粒发病。高温季节或干旱闷热的天气有利于发病，氮肥过多、枝蔓徒长、通风透光不好的发病重。9 月初至 10 月中旬为秋后发病期。欧洲系葡萄品种较感病，而美洲系葡萄品种则较抗病。佳里酿、黑罕、白香蕉、早金黄、潘诺尼亚、龙眼发病较重，巨峰、黑比诺、新玫瑰、尼加拉等较抗病。

〔防治方法〕

1）加强栽培管理：增施有机肥，壮树防病；及时摘心、绑蔓、去副梢，控制副梢生长，促进通风透光，创造不利于病害发生的环境条件，减少病害发生。

2）铲除越冬菌源：结合冬剪，剪除病枝，集中销毁；下架前彻底清扫落叶、落果，集中清出园外烧毁。葡萄上架后、发芽前，喷洒 1 次 3 ~ 5 波美度石硫合剂或 45% 石硫合剂晶体 60 ~ 80 倍液，杀灭越冬病菌。

3）生长期药剂防治：从发病初期开始喷药，10 天左右 1 次，北方葡萄产区连喷 2 ~ 3 次，南方葡萄产区连喷 3 ~ 4 次，即可有效控制白粉病的发生。常用有效药剂有 25% 戊唑醇水乳剂 2000 ~ 2500 倍液、30% 戊唑·多菌灵悬浮剂 800 ~ 1000 倍液、50% 克菌丹可湿性粉剂 600 ~ 800 倍液、12.5% 烯唑醇可湿性粉剂 2000 ~ 2500 倍液、40% 腈菌唑可湿性粉剂 6000 ~ 8000 倍液、10% 苯醚甲环唑水分散粒剂 1500 ~ 2000 倍液、40% 双胍三辛烷基苯磺酸盐可湿性粉剂 1000 ~

1200 倍液、40% 氟硅唑乳油 6000～8000 倍液、25% 乙醚酚悬浮剂 800～1000 倍液、15% 三唑酮可湿性粉剂 1500～2000 倍液等。

> 📢 **提示** 在抗药性较强的地区，建议不同类型药剂混合喷施，以提高药剂防治效果。

6. 灰霉病 >>>>

葡萄灰霉病易引起花穗及果实腐烂，该病过去分布不广，很少引起注意。目前我国河北、河南、山东、四川、上海、湖南等地已有发生，有的地区如上海，在春季是引起花穗腐烂的主要病害之一，流行时感病品种花穗被害率达 70% 以上。成熟的果实也常因此病在贮藏、运输和销售期间引起腐烂。

〖为害症状〗 主要为害花序、幼小果实和已经成熟的果实；有时也为害穗轴、叶片及果梗等，该病零星分布于各葡萄产区。在受害部位表面产生一层鼠灰色霉层，霉粉受振易飞散，呈灰色烟雾状，俗称"冒灰烟"。

1）花序及果穗：花序和刚落花后的小果穗易受侵染，发病初期被害部呈浅褐色水渍状，很快变暗褐色，整个果穗软腐，潮湿时病穗上长出一层鼠灰色的霉层，细看时还可见到极微细的水珠，此为病原菌分生孢子，晴天时腐烂的病穗逐渐失水萎缩、干枯脱落。

2）新梢及叶片：产生浅褐色、不规则形的病斑。叶片上多从叶缘开始发病，病斑有时出现不太明显的轮纹。如果有雨水则形成鼠灰色霉层，后期病斑部破裂（图 1-19）。

3）果实及果梗：在成熟果实上，由于生理的或机械的原因造成伤口，病菌由此侵入形成凹陷的病斑，很快整个果实软腐，1～2 天则褐变、腐烂长出灰霉状物，无伤口果粒被感染后形成 1～2mm 的紫褐色斑点 1～10 个，斑点中央呈水渍状软腐，裂皮时则产生灰霉层（图 1-20）。

图1-19　灰霉病为害叶片症状　　图1-20　灰霉病为害果实症状

〔病原〕 葡萄灰霉病是由灰葡萄孢菌〔*Botrytis cinerea* Pers〕寄生引起，属半知菌亚门。病菌有性阶段是富氏葡萄孢盘菌〔*Botryotinia fuclzeliana*（de Bary）Whetzel〕，在葡萄园中常见的是无性阶段的病原菌。菌丝体是由棕橄榄色并有隔膜的菌丝组成。菌丝圆筒形，在隔膜处稍膨大，直径 11～23μm。常见菌丝连接现象。

分生孢子梗结实、黑色、有分枝，顶细胞增大。在短的小梗上着生分生孢子穗，长 1～3μm。分生孢子呈卵形或圆形，光滑，单胞，浅灰色，成团则呈灰色。

在不良的环境中，真菌形成菌核，大小为（2～4）μm×（1～3）μm，黑色，圆盘形，结实地固着在基物表面，包括髓部和黑色皮层细胞。菌核萌发温度为 3～27℃，形成分生孢子梗。

病菌也形成小分生孢子，即瓶梗孢子。由老气生菌丝体的单菌丝细胞长出瓶梗。小分生孢子直径 2～3μm，无色，单胞，串生，包埋在黏液中，其功能主要是菌核的受精作用，导致形成子囊盘。菌核萌发可以形成子囊盘，但在葡萄园中很少见。子囊盘呈杯状，有茎，褐色，菌柄长 4～5μm。子囊孢子无色，单胞，卵形至椭圆形，

21

光滑，大小为 $7\mu m \times 5.5\mu m$。

[发病规律] 病菌以菌丝体在树皮和冬眠芽上越冬，或以菌核在枝蔓、僵果及土中越冬。翌年春天发芽后形成分生孢子随风飞散传播，从幼嫩组织或伤口处侵入，发病后再形成分生孢子进行再侵染。

多雨、潮湿和较凉的天气条件适宜灰霉病的发生，菌丝的发育以 $20 \sim 24℃$ 最适宜，因此，春季葡萄花期，不太高的气温又遇上连阴雨天，空气潮湿，最容易诱发灰霉病的流行，常造成大量花穗腐烂、脱落；坐果后，果实逐渐膨大便能很少发病。另一个易发病的阶段是果实成熟期，如天气潮湿也易造成烂果，这与果实糖分、水分增高，抗性降低有关。

地势低洼，枝梢徒长、郁闭，杂草丛生，通风透光不良的果园，发病也较重；灰霉病菌是弱寄生菌，管理粗放、磷钾肥不足、机械伤、虫害多的果园发病也较重；开花前后低温潮湿时花序发病多；排水不良及温室大棚内的葡萄易患病；夏秋季节如果多雨，湿度变化大造成裂果也容易发病；果实受侵染后，在天气干燥的情况下，菌丝潜伏在体内不发展，也不产生灰色霉层，它不但对果实无害，反而能降低果实酸度，增加糖分，用这种葡萄酿酒时，由于病菌的作用，有一种特殊的香味，可提高葡萄酒的质量，因此，有人称葡萄灰霉病为"高贵病"。

不同品种对灰霉病的抗性有一定差异。巨峰、新玫瑰、白玫瑰香等为高感品种；玫瑰香、葡萄园皇后、白香蕉等中度抗病；红加利亚、奈加拉、黑罕、黑大粒等高度抗病。

[防治方法]

1）搞好果园卫生：病残体上越冬的菌核是主要的初侵染源，因此，结合其他病害的防治，在生长季节及时剪除病花穗、病幼果穗、病果粒。落叶后，清除树上、树下的病僵果，集中园外销毁，减少越冬菌量。

2）加强葡萄园管理：增施有机肥及钙、磷、钾肥，控制速效氮肥，防止枝蔓徒长、果实裂果；及时修剪，加强通风透光，降低园内湿度，控制病害发生；合理灌水，防止后期果粒开裂，避免造成伤口。加强虫害防治，减少果实受伤。

3）药剂防治：开花前后和果实近成熟期至采收是灰霉病药剂防治的两个主要时期。开花前5~7天喷药1次，落花后再喷药1~2次（间隔期7~10天）；套袋果套袋前均匀周到喷药1次，不套袋果采收前需喷药2次左右（间隔期10天左右）。常用有效药剂有75%异菌·多·锰锌可湿性粉剂600~800倍液、500g/L异菌脲悬浮剂1000~1500倍液、50%异菌脲可湿性粉剂1000~1200倍液、50%腐霉利可湿性粉剂1000~1500倍液、400g/L嘧霉胺悬浮剂1000~1200倍液、50%乙霉·多菌灵可湿性粉剂800~1200倍液、40%双胍三辛烷基苯磺酸盐可湿性粉剂1000~1200倍液、50%嘧菌环胺水分散粒剂800~1000倍液等。

7. 穗轴褐枯病 >>>>

穗轴褐枯病也叫轴枯病，主要分布于山东、河北、河南、湖南、上海、辽宁各葡萄产区，为害花序和幼果，病害流行年份在某些品种上病穗率可高达30%~50%。尤其是巨峰系列葡萄品种发病严重，其幼穗小穗轴和小幼果大量脱落，影响产量和品质。

〔为害症状〕穗轴褐枯病主要为害葡萄的花蕾穗及幼果穗，有时幼果粒也可受害。

1）花穗及果穗：发病初期先在幼嫩的穗轴上呈浅褐色水渍状斑点，扩展后变为深褐色、稍凹陷的病斑（图1-21），病害发展很快，最后整个穗轴呈褐色枯死，失水干枯。若小分枝穗轴发病，当病斑环绕一周时，其上面的花蕾或幼果也随之萎缩、干枯脱落，严重时几乎整穗的花蕾或幼果全部脱落。

2）幼果：幼果表面产生圆形或椭圆形深褐色病斑，直径3mm左右，略凹陷，湿度大时有黑色霉层，即是分生孢子和分生孢子梗。病变仅限于果粒表皮，随果粒膨大，病斑表面呈疮痂状，果粒长成后疮痂脱落，对果实生长影响不大（图1-22）。

图1-21 穗轴褐枯病为
害穗轴症状

图1-22 穗轴褐枯病在
果粒上形成的疮痂

〔病原〕 该病是由半知菌亚门，丝孢纲，丝孢目，链格孢属
［*Alternaria viticola* Brun］侵染所致。分生孢子的大小为（20～47.5）
μm×（7.5～17.5）μm。该病菌属弱寄生菌，能为害多种植物，引
起叶斑和多汁果实的腐烂，也能腐生于各种基质上。

〔发病规律〕 病菌以分生孢子和菌丝体在结果母枝的鳞片及
枝蔓表皮内越冬。第二年春季在萌芽至开花期病菌的分生孢子借助
雨或露水侵染花穗，发病后病斑上形成的分生孢子又可以借助风雨
进行再侵染。在葡萄上人工接种病菌试验表明，在适宜的条件下从
接种到发病的潜育期仅需要2～4天，说明该病的侵染循环非常快，
可以很容易地在春季造成多次循环侵染。

该病适宜在比较低温多雨的气候条件下发病。春季低温植株生
长缓慢，穗轴老化程度减缓，病害相对严重。随着穗轴的老化，抗
病性增强，病害发生也随之缓和。

品种之间的抗病性差异巨大，玫瑰香基本上是免疫的，而巨峰
则非常感病。在我国长江中下游一带春季的梅雨季节，非常适宜该
病的发生。因此，在这些地区，如果种植巨峰等感病品种，一定要
重视对穗轴褐枯病的防治。

〔防治方法〕

1）加强葡萄园管理：增施有机肥，配合使用氮、磷、钾肥，
增强树势，防止徒长，及时修剪，促进通风透光，降低园内湿度等。

2）铲除树体带菌：在葡萄上架后芽眼萌动前全园喷 1 次 3~5 波美度石硫合剂或 45% 晶体石硫合剂 30 倍液、50% 福美双可湿性粉剂 500~600 倍液或 75% 五氯酚钠 100~120 倍液，可铲除树体表面的病菌。

3）喷药防治：在葡萄开花前和落花后，连喷 2~3 次农药，即可控制该病为害。有效药剂有 80% 代森锰锌可湿性粉剂 600~800 倍液、50% 克菌丹可湿性粉剂 600~700 倍液、50% 多菌灵可湿性粉剂 800~1000 倍液、75% 百菌清 800 倍液、70% 甲基硫菌灵可湿性粉剂 1000 倍液，50% 异菌脲可湿性粉剂 1000~1200 倍液、10% 苯醚甲环唑水分散粒剂 1500~2000 倍液等。在开始发病时或花后 4~5 天喷比久（B_9）500 倍液，可促使穗轴木质化，减少落果。

⚠️ **注意** 波尔多液对穗轴褐枯病几乎无效。

 8. 房枯病 ▶▶▶▶

葡萄房枯病又称粒枯病、穗枯病。辽宁、河北、河南、山东、安徽、江苏、浙江等省都有分布，一般为害不重，个别年份发生严重。

〔为害症状〕房枯病主要为害果粒、果梗及穗轴，发生严重时也能为害叶片。

1）穗轴、果梗：穗轴、果梗受害，初期小果梗基部产生圆形至椭圆形褐色病斑，稍凹陷，病斑逐渐扩大，色泽变褐。当病斑绕梗 1 周时，小果梗干枯缢缩（图 1-23）。穗轴发病初表现为褐色病斑，逐渐扩大变黑色而干缩，其上长有小黑点。穗轴僵化后，下面的果粒全部变为黑色僵果，挂在蔓上不易脱落，病果粒不易脱落是房枯病的主要特征。

2）果粒：最初由果蒂部分失水萎蔫，出现不规则的褐色斑，逐渐扩大到全果变紫变黑，干缩成僵果，果梗、穗轴因褐变、干燥枯死，长时间残留树上（图 1-24）。

图1-23 房枯病引起果梗干枯

图1-24 房枯病发病果穗

3）叶片：发病初为圆形褐色斑点，逐渐扩大变成中央灰白色，外部褐色，边缘黑色的病斑。

〔病原〕 葡萄囊孢壳菌［*Physalospora baccae* Cavala］，为有性阶段，属子囊菌亚门。无性阶段为葡萄房枯大茎点霉［*Macrophoma faocida*（Viala et Ravag）Cav.］，属半知菌亚门。

〔发病规律〕 病菌以菌丝体、分生孢子器和子囊壳在病果或病叶上越冬。在露地栽培条件下，翌年5～6月间散发出分生孢子、子囊孢子，借风雨传播到果穗上，进行初次侵染。分生孢子在24～28℃经4h即能萌发，子囊孢子在25℃经5h即可萌发。病菌发育的温度范围为9～40℃，发病最适宜温度范围为24～28℃。葡萄果穗一般在7月开始发病，果实近成熟期发病较重，高温多雨天气利于该病发生。欧亚系葡萄品种较易感病，美洲系葡萄品种发病较轻。设施栽培葡萄较少发病。

〔防治方法〕

1）铲除越冬病源：细致修剪，剪净病枝、病果穗及卷须；深埋落叶、及时清除病残体，进行深埋或烧毁；芽眼萌动时细致喷洒5波美度石硫合剂＋100倍五氯酚钠铲除越冬病菌。

2）加强栽培管理：深翻改土，加深活土层，促进根系发育；增施有机肥料、磷肥、钾肥与微量元素肥料；适当减少速效氮素肥料的用量，提高植株本身的抗病能力。合理密度，科学修剪，适量留枝，合理负载，维持健壮长势，改善田间光照条件，降低小气候的空气湿度。

📣 **提示** 注意排水防涝，严禁夏季田间积水，或地湿沤根，以免诱发植株衰弱，引起病害发生。

3）药剂防治：生长季节抓好喷药保护。每 15～20 天，细致喷布 1 次 200～240 倍半量式波尔多液，保护好树体。并在两次波尔多液之间加喷高效、低残留、无毒或低毒杀菌剂。一般不需单独药剂防治，个别年份受害较重的园片，结合炭疽病的防治进行喷药，即可完全控制房枯病的发生为害。常用有效药剂同防治炭疽病的有效药剂。

9. 黑腐病 >>>>

葡萄黑腐病分布在河南、河北、山东、江苏、辽宁、广东、四川、黑龙江等省。一般为害不重，在长江以南地区，如遇连续高温、高湿天气，则发病较重，引起较大损失。

〔为害症状〕葡萄黑腐病主要为害果实，也为害叶片、叶柄、新梢、卷须和花梗。

1）叶片：发病初为乳白色，后变成黄色至红褐色的细小圆斑，直径 2～10mm，逐渐扩大成近圆形病斑，直径可达 4～7cm，中央灰白色，外缘褐色，边缘黑褐色，上面生出许多黑色小突起，排成环状，斑点具有黑褐色的清晰边缘是其主要特征。后期在病斑的中央出现黑色小疱，乃是病菌的分生孢子器（图 1-25）。叶柄上发生的病斑会造成整片叶枯死。

2）花梗、果梗及新梢：受害处产生细长的褐色椭圆形病斑，中央凹陷，其上生有黑色颗粒状小突起。

3）果粒：发病初为紫褐色小圆点（直径 1mm）（图 1-26），后逐渐扩大，病部边缘呈红褐色，中央灰白色，稍凹陷（图 1-27）。扩展较快，条件适合时 1 天可扩大至 1cm，数天内病果便会干缩成黑色僵果，有明显棱角，挂在果穗上不易脱落（图 1-28）。僵果后期布满黑色点状突起，即病菌的分生孢子器或子囊壳。

图1-25 黑腐病为害叶片症状

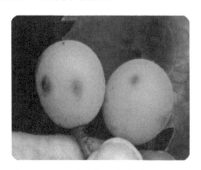

图1-26 黑腐病为害
果实初期症状

图1-27 黑腐病为害
果实中期症状

图1-28 黑腐病为害
果实后期症状

〔病原〕 葡萄黑腐病的病菌是葡萄黑腐菌 [*Guignardia bidwellii* (Ellis) Vialaet Ravaz]，属子囊菌亚门的葡萄球座菌。无性阶段为葡萄黑腐茎点霉菌 [*Phoma uvicola* Berk. et Curt]，属半知菌亚门真菌。黑腐病与房枯病病菌在形态上的主要区别：房枯病分生孢子比黑腐病的分生孢子狭而长，子囊孢子比黑腐病的大。

〔发病规律〕 病菌以分生孢子器、子囊壳和菌丝体在病果、枝蔓、叶片、卷须等病残体上越冬。翌春随着温度的上升，遇到潮湿的天气或雨水后，病残体吸收水分，分生孢子器或子囊壳就可以释放出大量的分生孢子或子囊孢子，孢子被风雨或昆虫传播到葡萄的幼嫩组织上，在条件适合的情况下就可以形成初侵染。在春季形成的初侵染中，大多数情况是由子囊孢子侵染的，分生孢子侵染的相对较少。地面上的病果或越冬枝条上的病斑在整个夏季都可以产生子囊孢子或分生孢子进行侵染，但它们对整个病害发展的影响主要是在春季的初侵染。当进入到夏季以后，更多的是依靠当年发病的新病斑上产生的分生孢子进行再侵染。

病菌的侵染需要在寄主组织的表面有水滴或水膜的存在，过高或过低的温度都不利于病菌的侵染，在10℃的情况下需要24h，在32℃时需要12h，而在27℃的条件下则仅仅需要6h即可以完成侵染。病菌完成侵染后的潜育期和温度也有密切关系，温度高潜育期短，可以加速病害的发展进程，因此，夏季的高温多雨有利于病害发生。

〔防治方法〕

1）清洁果园：秋季一定要把田间的病果、病枝叶等全部清除，并集中深埋或烧毁。特别是地面上的病果是春季初侵染菌源的最主要来源，最好彻底清除。对于冬季不埋土的地区，藤架上的病枝、病果和地面上的病果一样是春季病菌的主要来源，必须要彻底清除，对于压低病害的发生非常有效。

2）春季翻耕可以提高土壤温度，还可以把地面上的病果和其他病残体埋入地下，减少其侵染的机会。

3）药剂防治：防治方法及时间同防治白腐病和炭疽病，一般不需要单独喷药。

10. 褐斑病 >>>>

葡萄褐斑病又称斑点病、褐点病、叶斑病及角斑病，在我国各葡萄产地多有发生，以多雨潮湿的沿海和江南各省发病较多，一般干旱地区或少雨年份发病较轻，管理不好的果园多雨年份后期可大量发病，引起早期落叶，影响树势，造成减产。根据病斑的大小和病原菌的不同，褐斑病分为大褐斑病和小褐斑病两种。

[**为害症状**] 葡萄褐斑病仅为害叶片。病斑定形后,直径为3～10mm 的称为大褐斑病,直径为2～3mm 的称为小褐斑病。

大褐斑病发病初期在叶片表面产生许多近圆形、多角形或不规则的褐色小斑点(图1-29),以后病斑逐渐扩大。病斑中部呈黑褐色,边缘褐色,病、健交界明显。叶片背面病斑周缘模糊,浅褐色,后期产生灰色或深褐色的霉状物。病害发展到一定程度时,病叶干枯破裂、早期脱落,严重影响树势和翌年的产量。

大褐斑病的症状特点常因葡萄的种和品种不同而不同。大褐斑病发生在美洲系葡萄品种上,病斑为不规则形或近圆形,直径为5～9mm,边缘红褐色,外围黄绿色,背面暗褐色,并生有黑褐色霉层。在龙眼、巨峰等品种上,病斑近圆形或多角形,直径为3～7mm,边缘褐色,中部有黑色圆形环纹,边缘黑色湿润状。

图1-29 大褐斑病为害叶片症状

小褐斑病发生后,在叶片上产生深褐色小斑(图1-30),大小一致,边缘深褐色,中部颜色稍浅,后期病斑背面长出一层较明显的黑色霉状物,严重时小病斑相互融合成不规则的大斑。

[**病原**] 大褐斑病的病原菌为葡萄褐柱丝霉 [*Phaeoisariopsis vitis* (Lev.) Sawada.],属半知菌亚门。分生孢子棍棒状,暗褐色,稍弯曲,有隔膜3～20 个。小褐斑病的病原菌为座束梗尾孢 [*Cercospora roesleri* (Catt.) Sacc.],属半知菌亚门尾孢属。分生孢子圆筒形或椭圆形,直或稍弯曲,有1～4 个分隔,暗褐色。

〔发病规律〕 褐斑病以菌丝体或分生孢子在落叶中越冬，也可附在主枝、侧枝的树皮上及结果母枝表面等处越冬。第二年初夏，越冬的分生孢子和新产生的分生孢子一同随风雨传播，从叶背的气孔侵入，进行初侵染，经过 15~20 天的潜伏期后发病形成病斑，以后不断地再

图 1-30 小褐斑病为害叶片症状

侵染。华北一带多从 6 月开始发病，7~9 月为盛期，通常由下部叶片向上蔓延，多雨年份和多雨地区发生较重，管理粗放、有机肥使用不当、树势衰弱时发病重。玫瑰香和龙眼发病重，巨峰和黑奥林等较抗病。

〔防治方法〕

1）消灭越冬菌源：秋后要及时清扫落叶烧毁。冬剪时，也应将病叶彻底清除，集中烧毁或深埋。

2）加强栽培管理：要及时绑蔓、摘心、除副梢和老叶，创造良好的通风透光条件，减少病害发生。增施多元复合肥，增强树势，提高树体抗病力。

3）药剂防治：发病初期结合防治黑痘病、白腐病、炭疽病，可喷洒 1:0.5:200 倍的波尔多液，或 50% 多菌灵 800 倍液，或 70% 代森锰锌 800 倍药液，每隔 10~15 天喷 1 次，连续喷 2~3 次。当发现有褐斑病发生时，可喷布烯唑醇、百菌清或甲基硫菌灵等药剂及时进行治疗。

📢 提示 喷药时应注意喷中、下部叶片，并且要喷布均匀。25% 苯醚甲环唑水分散粒剂 6000 倍液对该病有优异效果。

11. 酸腐病 >>>>

葡萄酸腐病是葡萄果实成熟期的病害，使果实腐烂，造成产量品质降低，受害到一定程度，鲜食品种不能食用，酿造品种则失去酿酒价值。在北京、天津、河北、山东、河南等省、市普遍发生。

〔为害症状〕 酸腐病主要为害果粒，一般在葡萄转色后、果实含糖量达到 8% 以上时发病。它的一个明显的特征就是发病的果实能够散发出一股醋酸的味道。酸腐病的病果经常有腐烂的汁液流出（图1-31）。病果散发的酸味，诱集大量的果蝇在上面产卵，果蝇的为害更加重了病害的发展和蔓延（图1-32）。一个果穗上往往是先从个别果粒发病，很快就会蔓延到整个果穗，在一些地区造成非常严重的损失。

图1-31 酸腐病为害果实症状

图1-32 酸腐病诱发果蝇在上产卵

〔病原〕 引起酸腐病的病原菌种类很多，大多数为腐生菌或弱寄生菌，主要的病菌种类有 *Acetobacter*（醋酸细菌）及多种酵母菌等微生物。有些真菌，例如根霉菌、曲霉菌、青霉菌、交链孢菌、灰霉菌等引起的穗腐病可以促进酸腐病的发生。

〔发病规律〕 引起葡萄酸腐病的醋酸菌、乳酸菌、酵母菌以及其他微生物大多是腐生菌和弱寄生菌。它们自然存在于葡萄果实的表面、空气和土壤中。这些微生物大多不能直接侵染健康的葡萄果实，必须通过各种原因造成的果实表面的伤口才能侵染，例如冰雹、暴风雨、虫害、鸟害、病害、果粒之间的生长挤压等都会造成果实的损伤。果实表面任何的伤口，无论大小都是病菌潜在的侵染通道。

除了果实的伤口以外，另外一个影响酸腐病发生的重要因素就是气候。在潮湿温暖的天气条件下，果实表面的微生物很容易在伤口周围的坏死组织上大量繁殖，从而进一步引起整个果粒，甚至整个果穗腐烂。腐烂发酵的气味吸引大量的果蝇来取食、产卵。果蝇的加入，使得酸腐病的发展更加迅速，有时甚至在短短几天之内就可以造成大量的果穗腐烂。

不同的葡萄品种对酸腐病的抗病性差异很大。巨峰、里扎马特、赤霞珠、雷司令、霞多丽、无核白等都比较感病。一般来说，紧穗型品种、果皮薄的品种由于容易裂果，抗病性都比较差。

〔防治方法〕

1）农业防治：尽量避免在一个果园内栽植不同成熟期的品种，不同成熟期的品种混栽，能增加酸腐病的发生。要合理密植，保持合理的叶幕系数，增加果园的通风透光性。在成熟期灌水要谨慎，尽量避免裂果和果皮形成机械伤。避免过量施用氮肥。慎用激素类药剂。

2）药剂防治：对于不套袋果园，发现有个别果粒受害后开始喷药，重点喷洒果穗，10 天左右 1 次，连喷 1～2 次。常用有效药剂有 77% 硫酸铜钙可湿性粉剂 600～700 倍液、80% 波尔多液可湿性粉剂 500～600 倍液、46.1% 氢氧化铜水分散粒剂 1000～1200 倍液、60% 铜钙·多菌灵可湿性粉剂 400～500 倍液等。

12. 蔓割病 >>>>

葡萄蔓割病又叫葡萄蔓枯病。其主要分布于吉林、辽宁、内蒙古、河北、河南、山东、陕西、北京、天津等省、自治区和直辖市的葡萄产区。

〔为害症状〕 主要为害老蔓，有时也为害新蔓，可造成主蔓死亡，是一种较难防治的病害。

1）老蔓：该病多发生在距地面30cm左右的老蔓上，初发病时，老蔓上出现长圆形的黑色斑，略凹陷，后逐渐扩大为黑褐色大斑，散生黑色小点，皮部纵裂呈丝状（图1-33），枝蔓生长缓慢，2～3年病蔓枯死。常在新梢抽出后两周内，在葡萄架面上出现死枝，新出的蔓和叶片凋谢，特征明显。

2）新蔓：新蔓上发病，基部红褐色，后变黑褐色（图1-34），叶片迅速变黄，叶脉和卷须上有黑色条斑。

图1-33 蔓割病为害
葡萄老蔓症状

图1-34 蔓割病为害
葡萄新蔓症状

3）果实：偶尔果实受害，病部产生黑色斑块，发育受阻，成熟时类似房枯病。叶片发病，产生形状不规则的褪绿斑，坏死病斑脱落形成穿孔。

〔病原〕 葡萄生小隐壳孢 [*Cryptosporella viticola* (Red.) Shear]，属子囊菌亚门；无性阶段为葡萄生壳棱孢 [*Fusicoccum viticolum* Redd]，属半知菌亚门。

〔发病规律〕 病菌以分生孢子器或菌丝体在病蔓上越冬，产生子囊壳的地区也可以子囊壳越冬。翌年 5 ~ 6 月释放分生孢子，通过风雨和昆虫传播。分生孢子在有 4 ~ 8h 的雨露或高湿条件下，可通过伤口、气孔和皮孔侵入老蔓，潜育期约 30 天，以后表现症状，有时当年不表现症状。寄主衰弱时出现小瘤，最后形成典型的症状。冻伤、扭伤、虫伤和机械损伤的枝蔓易得病，土层薄、肥力不足、管理粗放、树势弱的葡萄发病重。

〔防治方法〕

1）加强果园管理：增施有机肥，促进树势健壮，提高抗病能力。合理修剪，使园内通风透光良好，降低湿度以及防止冻害等，都可减轻发病。

2）锯除有病枝蔓：轻病斑用刀刮除，伤口用 5 波美度石硫合剂或 45% 晶体石硫合剂 30 倍液消毒、保护。

3）喷药防治：历年发病重的葡萄园，发芽前全园喷一次 50% 福美双可湿性粉剂 500 ~ 800 倍液。结合其他病的防治，5 ~ 6 月喷药保护，常用有效药剂为 80% 波尔多液可湿性粉剂 500 ~ 700 倍液，77% 硫酸铜钙可湿性粉剂 600 ~ 800 倍液，70% 甲基硫菌灵可湿性粉剂 800 ~ 1000 倍液，50% 多菌灵可湿性粉剂 600 ~ 800 倍液，及 10% 苯醚甲环唑水分散粒剂 2000 ~ 2500 倍液等。

13. 根癌病 >>>>

葡萄根癌病又称葡萄根头癌肿病、肿瘤病。我国葡萄产区均有发生。

〔为害症状〕 葡萄根癌病是一种细菌性病害，发生在葡萄的根、根颈和老蔓上（图 1-35、图 1-36）。发病部分形成愈伤组织状的癌瘤，初发时稍带绿色和乳白色，质地柔软。随着瘤体的长大，逐渐变为深褐色，质地变硬，表面粗糙。瘤的大小不一，有的数十个瘤簇生成大瘤。老熟病瘤表面龟裂，在阴雨潮湿天气易腐烂脱落，并有腥臭味。受害植株由于皮层及输导组织被破坏，树势衰弱、植株生长不良，叶片小而黄，果穗小而散，果粒不整齐，成熟也不一致。病株抽枝少，长势弱，严重时植株干枯死亡。

图1-35 葡萄老蔓上的根癌病

图1-36 葡萄根颈上的根癌病

〔病原〕 葡萄根癌病属于土壤杆菌属根癌土壤杆菌，也称为癌肿野杆菌 [Agrobacterium tumefacicms（Smith et Tewns.）Com.]。该菌有 3 个变种，侵染葡萄的主要是 3 号变种。该菌革兰氏染色为阴性。

〔发病规律〕 根癌病由土壤杆菌属细菌所引起。该种细菌可以侵染苹果、桃、樱桃等多种果树，病菌随植株病残体在土壤中越冬，条件适宜时，通过剪口、机械伤口、虫伤、雹伤以及冻伤等各种伤口侵入植株，雨水和灌溉水是该病的主要传播媒介，苗木带菌是该病远距离传播的主要方式。细菌侵入后，刺激周围细胞加速分裂，形成肿瘤。病菌的潜育期从几周至一年以上，一般 5 月下旬开始发病，6 月下旬至 8 月为发病的高峰期，9 月以后很少形成新瘤，温度适宜，降雨多，湿度大，癌瘤的发生量也大；土质黏重，地下水位高，排水不良及碱性土壤，发病重。起苗定植时伤根、田间作业伤根以及冻害等都能助长病菌侵入，尤其冻害往往是葡萄感染根癌病的重要诱因。

品种间抗病性有所差异，玫瑰香、巨峰、红地球等品种高度感病，而龙眼、康太等品种抗病性较强。砧木品种间抗根癌病能力差异很大，S04、河岸 2 号、河岸 3 号等是优良的抗性砧木。

〔防治方法〕

1）繁育无病苗木：是预防根癌病发生的主要途径。一定要选择未发生过根癌病的地块做育苗苗圃，杜绝在患病园中取插条或接穗。在苗圃或初定植园中，发现病苗应立即拔除并挖净残根集中烧毁，同时用1%硫酸铜溶液消毒土壤。

2）苗木消毒处理：在苗木或砧木起苗后或定植前将嫁接口以下部分用1%硫酸铜溶液浸泡5min，再放于2%石灰水中浸1min，或用3%次氯酸钠溶液浸3min，以杀死附着在根部的病菌。

3）加强管理，刮除病菌：多施有机肥料，适当施用酸性肥料，改良碱性土壤，使之不利于病菌生长。农事操作时防止伤根。田间灌溉时合理安排病区和无病区的排、灌水的流向，以防病菌传播。在田间发现病株时，可先将癌瘤切除，然后抹石硫合剂渣液、福美双等药液，也可用50倍菌毒清或100倍硫酸铜消毒后再涂波尔多液。对此病均有较好的防治效果。

4）生物防治：内蒙古园艺研究所由放射土壤杆菌MI15生防菌株生产出农杆菌素和中国农业大学研制的E76生防菌素，能有效地保护葡萄伤口不受致病菌的侵染。其使用方法是将葡萄插条或幼苗浸入MI15农杆菌素或E76放线菌稀释液中30min或喷雾即可。

14. 白纹羽烂根病 >>>>

葡萄烂根病是葡萄死亡的主要原因之一。造成根部腐烂死亡的病害有白纹羽、紫纹羽、白绢羽、假蜜环菌和蜜环菌根朽病等，白纹羽病是重要的烂根病之一。该病在各葡萄产区均有发生。

〔为害症状〕 该病主要在葡萄根系和根颈处发生，其主要特点是发病处表面产生白色菌索和菌丝膜。发病初期，根系表面产生少量白色菌索，以后逐渐增多，菌索扩展蔓延，严重时病部表面和土壤缝隙中布满白色菌丝层或菌丝膜，病根表面可产生生菜子状茶褐色菌核，根表皮柔软腐烂，木质部腐朽，皮层极易脱落。在潮湿地区，白色菌丝可蔓延到地表呈白色蛛丝状。叶小而黄，发芽迟，新梢短，树势衰弱，枝蔓上产生幼嫩气生根，枝条枯萎，严重者全株死亡（图1-37）。

〔病原〕 褐座坚壳菌 [*Rosellinis necatrix* (Hart.) Berl.〕，属子囊菌亚门。该菌寄生达 34 科 60 多种植物，其中主要为害果树及林木。

图 1-37 白纹羽烂根病症状

〔发病规律〕 白纹羽病是一种高等真菌性病害，病菌可为害许多种果树及林木。病菌主要在田间病株、病残体及土壤中越冬，菌索与菌核可在土壤中存活 5 年以上。生长季节，病菌可直接侵染为害，也可从各种伤口侵染为害。果园中主要通过病根与健根接触、病残体及带菌土壤的移动而传播，远距离传播则通过带病苗木的调运。管理粗放、土壤黏重、使用未腐熟有机肥、树势衰弱的果园有利于发病，用河滩地、旧林地、老果园、苗圃地改建的果园容易发病。

〔防治方法〕

1）选栽无病苗木：这是预防白纹羽烂根病的根本措施。不要在旧苗圃、老果园或林地育苗。在调运苗木时必须认真检查，发现病苗立即烧毁，对剩余的苗木用 50% 苯菌灵可湿性粉剂 1000～1200 倍液或 70% 甲基硫菌灵 800～1000 倍液，或 50% 多菌灵 600～800 倍液浸苗木 10min，或用 10% 硫酸铜溶液、20% 石灰水浸苗 1h，即可得无病苗木。

2）加强栽培管理，增强树势，提高抗病能力：采用配方施肥，不偏施氮肥，适当增加磷、钾肥；雨季注意果园排水，不使果园积水；合理修剪，通风透光，减少其他病虫为害。

3）挖隔离沟，对有烂根的树，要在其周围挖 1m 以上的深沟进行封锁，防止病害向四周蔓延。

4）病树的治疗：发现病树后，先挖至主根基部，扒开根部土壤，露出病斑并刮净，对于整条病根，要从基部去除，将所有病根清除干净。伤口必须用高浓度杀菌剂涂抹消毒，再涂以波尔多液浆保护，并用40%五氯硝基苯粉剂1份加土40～50份，充分拌匀后施于根部。

15. 疫腐病 >>>>

葡萄疫腐病主要为害茎蔓，使树势衰弱，严重者枝蔓死亡。各葡萄产区均有少量发生。

〔为害症状〕 疫腐病主要为害近地面的葡萄茎蔓，1～2年生枝蔓容易受害。初期在近地面处的茎蔓表面产生褐色腐烂病斑，病斑稍凹陷，边缘多为深褐色；条件适宜时病斑很快绕茎蔓一周，形成缢缩病斑，受害部位的整个皮层腐烂，常有纵向开裂，上部枝梢萎蔫，严重时全株死亡。高湿条件下，腐烂皮层表面可产生白色绵毛状物。撕开病皮，内部木质部表面也变褐坏死。轻病株伤口可以愈合，但植株生长衰弱。

〔病原〕 葡萄疫腐病由葡萄恶疫霉［*Phytophthora cactorum*（Led. et Cohn）Schrot.］侵染引起，属鞭毛菌亚门。

〔发病规律〕 疫腐病是一种低等真菌性病害，病菌主要在土壤中及病残组织上越冬，也可随病组织以菌丝状态越冬。高湿条件下产生病菌孢子，随雨水或流水传播，从伤口侵入为害。地势低洼、多雨潮湿、葡萄枝蔓基部积水及大水漫灌是诱发该病的主要因素，枝条生长幼嫩、树势衰弱、果园内杂草丛生可加重该病的发生为害。

〔防治方法〕

1）加强果园管理：雨季注意及时排水，适当用土培高葡萄枝蔓基部，勿使葡萄基部积水。搞好果园卫生，及时清除园内杂草。增施有机肥料，培育壮树，提高树体抗病能力。

2）及时发现并治疗轻病株：根据葡萄长势，注意及时检查，发现病树及时治疗。先将病组织刮除，随后在病部涂抹85%波尔·霜脲氰可湿性粉剂400～600倍液，或85%波尔·甲霜灵可湿性粉剂400～600倍液，或72%霜脲·锰锌可湿性粉剂400～600倍液等进行治疗；然后扒开颈基部土壤，浇灌药液处理；待药液渗完后，再培土于颈基部，以防积水。刮下的病组织要彻底收集到园外并烧毁。地势低洼果园或发病较多的地块，还要对病树周围植株的根颈基部进行药液浇灌处理。药液浇灌效果好的药剂有 85% 波尔·霜脲氰可湿性粉剂 500 ~ 600 倍液、85% 波尔·甲霜灵可湿性粉剂 500 ~ 600 倍液、72% 霜脲·锰锌可湿性粉剂 500 ~ 600 倍液、90% 三乙膦酸铝可溶性粉剂 500 ~ 600 倍液、77% 硫酸铜钙可湿性粉剂 500 ~ 600 倍液等。一般每株需浇灌药液 1 ~ 2kg。

⚠ **注意** 幼树园在多雨季节需使用浇灌药液重点喷洒植株中下部 1 ~ 2 次，以预防病害发生。

16. 锈病 >>>>

葡萄锈病主要为害植株中下部的叶片。严重发生时会引起早期落叶而造成枝条不充实，影响第二年的葡萄发育，尤其是在巨峰品种上发生较多。在我国主要分布在华南、华东沿海省份及四川等省，北方地区少见。

【为害症状】 锈病主要为害叶片，严重时也可为害新梢，发病后的主要症状特点是产生浅黄褐色粉状孢子堆。叶片受害，先在背面产生黄色小斑点，后逐渐形成突起的橙黄色粉状夏孢子堆，通常布满整个叶背或大部分，手摸粉状物极易脱落（图 1-38）；相对应叶片正面产生褪绿黄点。后期

图 1-38 锈病在葡萄叶背上的夏孢子堆

叶背病部皮下逐渐产生暗褐色至黑褐色小粒点（冬孢子堆）。严重时病叶失绿、干枯、脱落，果实着色或成熟不良。新梢受害，表面也可产生孢子堆。

【病原】 葡萄锈病的病原菌为葡萄层锈菌（*Phakopsora ampelopsidis* Dietit Syd.），属担子菌亚门。

【发病规律】 在北方较冷地区主要以冬孢子在落叶上越冬，第二年春天萌发产生担孢子，侵染中间寄主并产生性孢子器和锈子器，继而产生孢子。在南方温暖地区，葡萄新梢上以夏孢子堆越冬。夏孢子依靠风力进行飞散传播，从叶背面气孔侵入，经约 1 周的潜伏期后产生夏孢子堆，即发病。夏孢子对叶的侵入需要 10 ~ 30℃ 的温度及 100% 的湿度，尤以 20 ~ 25℃ 及水滴为最佳侵入条件。多雨潮湿或夜间多露的高温季节或管理粗放、植株生长势弱、通风透光不良等均是发病的有利条件。防治不及时，7 月中下旬至 8 月上旬则进入发病盛期，8 月下旬至 9 月上中旬为发病高峰期，至 10 月中旬进入缓慢发病期。品种之间差异较大，欧洲系葡萄品种发病少，但欧美系葡萄杂交种如巨峰、白香蕉等发病多，康拜尔则高度感病，玫瑰香、红富士则有较强抗性。

【防治方法】

1）清除越冬菌源：落叶后彻底清除树上、树下的各种病残体，清到园外销毁，减少越冬菌源。在葡萄发芽前，全园喷洒 1 次 3 ~ 5 波美度石硫合剂或 45% 石硫合剂晶体 50 ~ 60 倍液，铲除枝蔓附带病菌。

2）加强葡萄园管理：及时整枝打杈，防止枝叶茂密、架面郁闭，促进园内通风透光。及时摘除初发病叶片，减少田间发病中心。

3）生长期药剂防治：该病一般不需单独药剂防治，防治其他病害时考虑兼防即可。往年发病严重果园或地区，从发病初期开始喷药，10 天左右 1 次，连喷 2 次左右，即可有效控制锈病的发生为害。常用有效药剂有 10% 苯醚甲环唑水分散粒剂 2000 ~ 2500 倍液、40% 腈菌唑可湿性粉剂 6000 ~ 8000 倍液、25% 戊唑醇水乳剂 2000 ~ 2500 倍液、70% 甲基硫菌灵可湿性粉剂或 500g/L 悬浮剂 800 ~ 1000 倍液、30% 戊唑·多菌灵悬浮剂 800 ~ 1000 倍液、40% 氟硅唑乳油 6000 ~ 8000 倍液、77% 硫酸铜钙可湿性粉剂 600 ~ 800 倍液、80% 代森锰锌可湿性粉剂 600 ~ 800 倍液、70% 代森联水分散粒剂 500 ~ 700

倍液等。

⚠️ **注意** 由于锈病是从叶片背面的气孔侵染为害的，所以喷药时应将药剂充分喷洒到叶片背面。

17. 叶枯病 >>>>

葡萄叶枯病严重时能引起早期落叶，影响枝蔓的成熟度，降低抗寒性。

〔为害症状〕 本病只发生在叶片上，生长后期发生严重。初始病斑从叶缘开始不规则变黄，边缘不明显，病斑圆形，以后直径可扩大为 1~2cm，后期从叶缘开始逐渐变为灰绿色或灰褐色水渍状病斑，病斑会长出灰白色霉状物，即病菌的分生孢子梗和分生孢子。严重时叶片大部分变为黄白色，只主脉和侧脉为绿色，且边缘变褐枯死（图 1-39、图 1-40）。

图 1-39 叶枯病为害
葡萄叶面症状

图 1-40 叶枯病为害
葡萄叶背症状

〔病原〕 桑生冠毛菌〔*Cristulariella moricola*（Hino）Redhead〕，属半知菌亚门。

〔发病规律〕 病菌在叶上越冬，4~5 月形成子实体，主要以雨水传播侵染，以后在病斑上的子实体可以进行反复传染，并可同时传染其他蔓性植物及交互传染。田间发病，常从植株下部的老叶开始，逐渐向上部叶片蔓延。树势弱发病重，低温高湿条件下发病重，秋雨频繁的 9 月及以后发病重。

〔防治方法〕

1）收集病叶集中烧毁并深埋。

2）生长期防治灰霉病、白腐病、白粉病时可以兼治此病，但由于收获前至落叶期一般不再喷药，故往往发生较多。可以选用 70% 甲基硫菌灵 1500 倍液或波尔多液喷布，在收获前或采收后各喷 1 ~ 2 次。

3）培育抗病品种，培育壮苗，利用无毒苗木也是有效防治措施。

18. 扇叶病 >>>>

葡萄扇叶病又名葡萄退化病，是重要的叶部病害之一。世界葡萄产区均有发生，但并不严重。在我国山东、辽宁、河北、河南等地均有记载，是影响我国葡萄生产的主要病害之一。

〔为害症状〕 葡萄扇叶病的症状因病毒株系不同分为三种类型。

1）扇叶形或传染性畸形。其是由变形病毒株系引起的，病株叶片变形成扇状（图 1-41），不对称，呈环状或扭曲皱缩，有时出现斑驳，叶脉发育不正常，主脉不明显，由叶片基部伸出数条主脉，叶缘多齿。植株矮化或生长衰弱，新梢染病，分枝异常、双芽、节间极短或长短不等。果穗染病，果穗少且小，果粒小，坐果不良。

2）黄化型。其是由产生色素病毒株系引起的。病株早春呈现铬黄色褪绿，出现散生的斑点、环斑、条斑等（图 1-42），严重的全叶黄化。病毒侵染植株全部生长部分，包括叶片、新梢、卷须、花序等。叶片和枝梢变形不明显，果穗和果粒多较正常小。夏天刚生长的幼嫩部分保持正常的绿色，老的黄色病部，变得稍带白色或趋向于褪色。

图1-41 扇叶病病叶呈扇状

图1-42 扇叶病病叶上出现散生斑点

3）脉带型。传统认为其是由产生色素的病毒株系引起的。开始时沿叶主脉变黄，以后向叶脉间区扩展，叶片轻度畸形、变小。枝蔓受害，病株分枝不正常，枝条节间短，常发生双节或扁枝症状，病株矮化。果实受害，果穗分枝少，结果少，果实大小不一，落果严重。病株枝蔓木质化部分横切面呈放射状横隔。

〔病原〕 葡萄扇叶病毒 ［Grapevine fan leaf Virus］，属线虫多面体病毒属。

〔发病规律〕 葡萄扇叶病毒可由几种土壤线虫传播，如加州剑线虫、麦考岁剑线虫和意大利剑线虫、标准剑线虫等。这种线虫的自然寄主较少，只有无花果、桑树和月季花，而这些寄主对扇叶病毒都是免疫的，不表现症状，扇叶病毒存留于自生自长的植物体和活的残根上，这些病毒构成重要的侵染源。剑线虫获得病毒的时间相当短，在病株上饲食数分钟便能带病毒，线虫的整个幼虫期都能带病毒和传病毒，但蜕皮后不带病毒。成虫保毒期可达数月。该病的远距离传播主要由调运带病毒苗木导致，通过嫁接也能传病毒。

〔防治方法〕

1）选用无毒苗木建园：严把引种、购苗关。严格执行植物检疫制度，防止病原传播。

2）消灭传毒的线虫：葡萄园有病株，病株率不高时可以及时刨除发病株并对病株根际土壤使用杀线虫剂杀死传毒线虫。及时防治各种害虫，尤其是可能传毒的昆虫，如叶蝉、蚜虫等，减少传播机会。

19. 卷叶病 >>>>

葡萄卷叶病是全球性分布的病害，在我国各葡萄产区普遍存在，是一种为害较重的病毒病。

〔为害症状〕 卷叶病为害主要表现在叶片和果实上。春季的症状较不明显，病株比健株矮小，萌发迟。在非灌溉区的葡萄园，叶片的症状始见于6月初，而灌溉区迟至8月。红色品种在基部叶片的叶脉间先出现浅红色斑点，夏季斑点扩大、愈合，致使脉间变成浅红色，到秋季，基部病叶变成暗红色，仅叶脉仍为绿色。白色品种的叶片不变红，只是脉间稍有褪绿。病叶除变色外，叶变厚、变脆，叶缘下卷（图1-43、图1-44）。病株果穗着色浅。如红色品种的病穗色质不正常，甚至变为黄白色；从内部解剖看，在叶片症状表现前，韧皮部的筛管、伴随细胞和韧皮部薄壁细胞均发生堵塞和坏死。叶柄中钙、钾积累，而叶片中钙、钾含量下降，淀粉则积累。症状因品种而异，少数品种如无核白的症状很轻微，仅在夏季的叶片上出现坏死。坏死位于叶脉间和叶缘。多数砧木品种为隐性带病毒。

图1-43 葡萄卷叶病症状

图1-44 卷叶病病叶变为黄白色

〔病原〕 葡萄卷叶病由复杂的病毒群引起。

〔发病规律〕 卷叶病毒在病株内越冬，带病毒植株在发芽长叶后即表现出症状。主要通过嫁接传播，用病株上的芽、枝作接穗，用带病毒砧木嫁接，都可使此病扩散蔓延。

葡萄卷叶病可能是由复杂的病毒群侵染引起，其成员大多属黄化病毒组。目前，全球至少已检测出五种类型的黄化病毒组成员，定名为葡萄卷叶相关黄化病毒组（GLRaV）GLRaV-1、GLRaV-2、GLRaV-3、GLRaV-4、GLRaV-5。病毒颗粒的长度为 1800～2200nm。从感病葡萄分离出的病毒有相当程度的一致性。还有一种较短的黄化病毒组病毒，颗粒长 800nm，称为葡萄病毒 A（GVA），也经常和本病的发生有关联。上述病毒间均无血缘关系；而且发生只限于韧皮部，不能靠机械传染。现在有越来越多的证据表明，上述 1 种或多种病毒联合感染引起卷叶症状，可以认为是病害的病原。

〔防治方法〕

1）繁育脱毒苗木：利用现代生物技术，繁殖脱毒苗木，建立无毒苗木繁殖体系和检测体系。

2）严格执行检疫制度：防止感毒繁殖材料和苗木向外扩散。

20. 黄点病 >>>>

葡萄黄点病又叫黄斑病、葡萄小黄点病，是一种全球性类病毒病害。在我国山东、河北、河南和长江流域均有发生。

〔为害症状〕 主要在叶片上表现出明显的症状，多在夏季较老的叶片上首先发病，初为黄色，进而为铬黄色，后期为黄白色斑点。病斑多沿叶脉发生，分散或多块聚合在一起呈不规则斑块。症状因葡萄品种、树龄、环境条件的不同而有区别，有的不仅在叶脉旁有黄点，而且整个叶片上都有黄斑（图1-45）。有的幼树表现较重，老树表现较轻。另外，症状表现因多种病毒复合侵染而加重。

〔病原〕 葡萄黄点病是一种类病毒病害，病原为类病毒 I 型和类病毒 II 型，单独或复合侵染引起发病。

〔发病规律〕 在自然条件下，修剪或繁殖时，通过工具或嫁接传毒，染病的繁殖材料也可携带病毒，种子不传毒。由于该类病毒在大多数欧美品种和砧木上不显症状，这就使其更易传播蔓延，给防治带来更大困难。

图1-45 黄点病病叶

〔防治方法〕 把茎尖置于20～27℃培养箱中培养，得到无黄点类病毒的再生组织后，再把茎尖组织置于10℃环境条件下进行低温培养，即可得到无毒苗。茎尖脱毒时，如茎尖为0.1～0.2mm，则脱毒温度低限以25℃为宜。由于病株种子不带病毒，可用于播种育苗。

二、葡萄虫害

葡萄害虫种类相对较少，为害较轻，除葡萄缺节瘿螨、绿盲蝽、烟蓟马等少数几种害虫发生较普遍外，大多数葡萄害虫种类均属偶发性害虫。需要药剂防治的害虫也仅局限在少数几种，多数种类一般可以不进行药剂防治。

1. 缺节瘿螨 >>>>

葡萄缺节瘿螨［*Eriophyes vitis*（Pagenstecher）］，习称毛毡病、葡萄锈壁虱。属蜱螨目，瘿螨科。该病在北方地区及各葡萄产区均有分布，每年均造成一定程度的损失。

〔形态特征〕 雌成螨圆锥形，白色或灰白色，体长 0.1 ~ 0.3mm，体具很多环节，近头部生有 2 对足，腹部细长，腹部有74 ~ 76 个暗色环纹；尾部两侧各生 1 根细长的刚毛。雄虫体略小。

若螨，体小，形态似成螨。

卵椭圆形，浅黄色，长约 30μm，近透明，有 1 根细长刚毛。

〔为害症状〕 主要为害叶片，发生严重时也为害葡萄枝干的嫩梢、卷须、幼果等部位。叶片受害后在背面出现白色的病斑，逐渐扩大（图 2-1），叶片组织因受到瘿螨的为害刺激而长出密集的绒毛，螨虫就集聚在绒毛处为害。因其为害症状与病害症状非常相似，故而也称为"毛毡病"。病斑处的绒毛开始为白色，颜色逐渐加深为深褐色。被害叶片正面由于受到瘿螨的为害刺激，变形呈泡状凸起（图 2-2）。发生严重时，叶正面也产生白色绒毛。最后在叶片正

图 2-1 毛毡病病叶背面的白色绒毛

图 2-2 毛毡病病叶正面变形凸起

面病部呈现圆形或不规则的褐色坏死斑。严重时，褐色斑干枯破裂，叶片脱落。枝蔓受害后，常肿胀成瘤状，表皮龟裂。

〔发生规律〕 一年发生 7 代，以成螨在芽鳞绒毛内、粗皮裂缝内和随落叶在土壤内越冬。其中以幼嫩枝条的芽鳞内越冬虫口最多，多者可达数百头。春季葡萄发芽后，越冬的成虫从芽内迁移到幼嫩叶片上潜伏为害，刺吸植物营养。受害部位表皮绒毛增生，形成特有的"毛毡病"症状，成螨、若螨均在绒毛内取食活动，将卵产于绒毛间，绒毛对瘿螨具有保护作用。该虫一般是先在基部 1、2 叶背面为害，随着新梢生长，逐渐由下向上蔓延。5 ~ 6 月发生严重，7 ~ 8 月的高温多雨对瘿螨有一定的抑制作用。9 月气温降低以后，又有一个小的为害高峰。秋季以枝梢先端嫩叶受害最重，入冬前钻入芽内越冬。

〔防治方法〕

1）秋天葡萄落叶后彻底清扫果园，将病叶及其病残物集中烧毁或深埋，以消灭越冬虫源。

2）毛毡病可随苗木或插条进行传播，最好不从病区引进苗木。对于从病区引进的苗木，定植前必须先进行消毒处理，方法是把苗木或插条先放入 30 ~ 40℃ 温水中浸 3 ~ 5min，然后再移入 50℃ 温水中浸 5 ~ 7min，可杀死潜伏在芽内越冬的锈壁虱。

3）早春葡萄萌芽后、展叶前喷 3 ~ 5 波美度的石硫合剂，药液中可加 0.5% 洗衣粉，可提高喷药效果。葡萄展叶后，若发现有被害叶，应立即摘除，并喷药防治。防治的药剂可以采用 0.2 ~ 0.3 波美度石硫合剂，或 1.8% 阿维菌素乳油 3000 ~ 4000 倍液，或 20% 四螨嗪悬浮剂 1000 倍液等。

⚠ **注意** 不要在葡萄上使用三氯杀螨醇防治螨类害虫，因为这种药剂在生产过程中含有一定量的 DDT，使果实 DDT 残留超标。

2. 绿盲蝽 >>>>

绿盲蝽［*Apolygus lucorum* Meyer-Dur.］属昆虫纲，半翅目，盲蝽科。除新疆、西藏、广州等少数地区外全国都有发生。以成虫和若虫刺吸葡萄等的叶片、花、嫩梢及嫩穗为害。被害部位凋萎变黄，严重时枯干。

【形态特征】成虫体长约5mm，宽约2.5mm。黄绿或浅绿色。头部略呈三角形，黄绿色，复眼突出，黑褐色。触角4节，约为体长的2/3。前胸背板深绿色，有极浅的小刻点。小盾片黄绿色，三角形，前胸背板和头相连处有一个领状的脊棱。前翅绿色，上有稀疏短毛，半透明。腹面绿色，由两侧向中央微隆起，稀有小短毛（图2-3）。虫共5龄。各龄虫体与成虫相似，绿色或黄绿色。单眼桃红色。3龄翅芽开始出现。

卵长口袋形，长约1.4mm、宽约1mm；中部稍弯曲，体浅绿或浅黄色。有瓶口状卵盖。

【为害症状】绿盲蝽以刺吸式口器为害葡萄的嫩叶、芽和花序。被害叶片呈红褐色，针头大小的坏死点，随着叶片的展开，被害处形成撕裂或不规则的孔洞，并发生皱褶（图2-4）。由于该虫体积小，发生早，昼伏夜出，为害初期症状不明显时很容易被人们忽视，常常因为防治不及时，造成叶片破碎不堪，极大地影响光合作用。

图2-3　绿盲蝽成虫

图2-4　绿盲蝽为害
叶片症状

【发生规律】 北方每年发生 3~5 代，以成虫在杂草、枯枝叶和树皮缝及土石块下越冬。次春寄主发芽后出蛰活动。经一段时间取食开始交尾产卵，卵多产于嫩茎、叶柄、叶脉及芽内。卵期 10 天。5 月上旬、6 月上旬、7 月中旬、8 月中旬和 9 月各发生 1 代。成虫寿命较长，产卵期 30 天左右。各代发生期不整齐，世代重叠。成虫和若虫常在幼芽、花蕾、幼叶上刺吸为害，嫩叶被害生长受阻，常形成许多孔洞，叶片扭曲变形，有褶皱。某些卵寄生蜂、捕食性蜘蛛、猎蝽、花蝽和草蛉等是绿盲蝽的天敌。

【防治方法】

1）冬季和早春刮除翘皮、清除杂草、枯枝落叶等，集中处理可消灭部分越冬成虫。

2）葡萄萌芽期喷溴氰菊酯、高效氯氟氰菊酯等菊酯类农药 2000 倍液，特别注意新栽葡萄园的早期防治。

提示 避免将葡萄与棉花、蔬菜间作，加强葡萄树周围农作物的病虫防治，从而减轻葡萄的虫害。

3. 透翅蛾 >>>>

葡萄透翅蛾［*Paranthrene regalis* Butler］又名葡萄透羽蛾，属鳞翅目，透翅蛾科。该虫分布广泛，我国的南北方葡萄产地均有发生。

【形态特征】 成虫体长 18~20mm，翅展 30~36mm，体蓝黑色，头的前部及颈部黄色，腹部具 3 条黄色横带。前翅红褐色，前缘、外缘及翅脉为黑色，后翅半透明。成虫静止时，外形似马蜂（图 2-5）。

幼虫体长 25~38mm，体略呈圆筒形，头部红褐色。胸腹部黄白色。老熟时带紫红色，前胸背板有倒八字形纹。

卵椭圆形，略扁平，红褐色。

蛹红褐色，圆筒形。腹部 2~6 节背面各有 2 列横刺，7~8 节各有1列。

〔为害症状〕幼虫蛀食葡萄嫩梢和1~2年生枝蔓（图2-6），致使嫩梢枯死或枝蔓受害部肿大呈瘤状，叶片变黄枯萎，果实脱落。蛀孔外有虫粪，枝蔓易折断。

图2-5 透翅蛾成虫

图2-6 透翅蛾幼虫蛀食枝蔓

〔发生规律〕此虫1年发生1代，以幼虫在被害枝蔓中越冬。第二年的春季5月上旬越冬幼虫开始活动，幼虫先是在越冬处向外咬一圆形羽化孔，然后吐丝做茧在里面化蛹。蛹期25天左右。化蛹期与发蛾期常因地区和寄主不同而异，河南、山东、辽宁、河北等地5月上中旬为始蛹期，6月初为始蛾期。成虫行动敏捷，飞翔力强，有趋光性，雌蛾羽化当日即可交尾，次日开始产卵，产卵期1~2天，卵散产于葡萄嫩茎、叶柄及叶脉处，单雌平均卵量为45粒，卵期10天左右。初孵幼虫多由葡萄叶柄基部及叶节处蛀入嫩茎，然后向下蛀食，蛀孔外常堆有虫粪。较嫩枝受害后常肿胀膨大，老枝受害则多枯死，主枝受害后造成大量落果。幼虫可转害1~2次，以7~8月为害最厉害。10月以后还可以继续向老枝条或主干蛀食。老熟幼虫最后转移到1~2年生枝条上越冬。

〔防治方法〕

1）因被害处有黄叶出现，枝蔓膨大增粗，6～7月要仔细检查，发现虫枝及时剪掉，结合冬季修剪，剪除有肿瘤枝蔓和虫粪的枝条。

2）幼虫的防治：5～7月间，看到新梢顶端凋萎或叶片边缘干枯的枝蔓，应及早摘除，消灭幼虫。已蛀入较粗枝蔓的，可用铁丝从蛀孔插入，将虫刺死，或用少许棉花蘸敌敌畏200倍液灌入虫孔，熏杀幼虫，或塞入四分之一片磷化铝，再用塑料膜包扎以杀死幼虫。

3）做好成虫羽化期的测报，及时喷洒杀虫剂。方法为：先将带有老熟幼虫的枝蔓剪成5～6cm，共剪10个，放在铁丝笼里，挂在葡萄园内，发现成虫飞出5天后，及时喷药，可喷20%氰戊菊酯乳剂2000～3000倍液。苏州、上海一带，一般在花前3～4天和谢花后各喷一次药，药剂有25%菊乐合酯、20%氰戊菊酯乳剂3000倍液，或50%马拉硫磷1000倍液，均有良好的效果。

4. 斑衣蜡蝉 >>>>

斑衣蜡蝉〔*Lycorma delicatula* White.〕属同翅目，蜡蝉科，又叫葡萄羽衣、"红姑娘"，主要分布在北方葡萄产区。一般不造成灾害，但其排泄物可造成果面污染，嫩叶受害常造成穿孔或叶片破裂。成虫和若虫主要为害葡萄、臭椿、苦楝，也为害核桃、枣、梨等。

〔形态特征〕成虫体长15～22mm，翅展40～56mm，雄性略小。体暗褐色，背有白色蜡粉。头顶向上翘起，呈突角形，复眼黑色，向两侧突出。前翅革质，基部1/3为浅褐色，上布黑色斑点10～20个，外缘1/3黑色；脉纹浅白色。后翅基部为鲜红色，上有黑点数个，中部白色，端部黑色（图2-7）。

若虫体扁平，1～3龄若虫体黑色，有许多小白点，4龄后体呈红色，有黑色，翅芽显露（图2-8）。

图 2-7　斑衣蜡蝉成虫

图 2-8　斑衣蜡蝉若虫

卵呈圆柱形，长 3mm、宽 2mm。卵粒平行排列整齐，每块有 40～50 粒，卵块上有灰色土状的蜡质分泌物。

〔为害症状〕　斑衣蜡蝉以成虫和若虫刺吸葡萄枝蔓和叶片的汁液为害，严重时造成枝条变黑，叶片穿孔甚至破裂（图 2-9）。同时，其排泄物落于枝叶和果实上，常引起霉菌寄生变黑，影响光合作用，降低果品质量。

图 2-9　斑衣蜡蝉为害叶片症状

〔发生规律〕　每年 1 代，以卵在葡萄枝蔓、架材和树干、枝杈等部位越冬。翌年 4 月上旬以后陆续孵化为幼虫，蜕皮后为若虫。若虫常群集葡萄幼嫩茎叶的背面为害，受惊扰立刻跳跃、逃避。蜕皮 4 次，若虫期 40 天左右。于 6 月下旬出现成虫，8 月交尾产卵，卵产于枝蔓背阴处，卵粒排列成块，上有胶质。成虫寿命 4 个月，10 月下旬逐渐死亡。从 4 月中下旬至 10 月，为若虫和成虫为害期。成虫、若虫均有群集性，很活泼，弹跳力很强。

〔防治方法〕

1）结合枝蔓的修剪和管理将枝蔓和架材上的卵块清除或碾碎，消灭越冬卵，减少翌年虫密度。

2）生长期及时观察叶片背面，一旦发现被害叶，喷甲氰菊酯、联苯菊酯、高效氯氟氰菊酯、溴氰菊酯等菊酯类农药 2000 倍液或 90% 敌百虫 1500 倍液。

📢 提示 在葡萄建园时，应尽量远离臭椿、苦楝等杂木林，以减少斑衣蜡蝉的数量。

5. 二星叶蝉 >>>>

葡萄二星叶蝉〔*Erythroneura apicalis* Nawa〕又名葡萄浮尘子、小叶蝉、二黄斑点小叶蝉、二点叶蝉。属同翅目，蝉总科，叶蝉科、小叶蝉亚科。分布于华北、西北、河南、山东及长江流域，是葡萄的主要害虫之一。主要为害叶片，并不断排出粪便，叶和果面出现很多黑点，果品质量降低，含糖量减少。

〔形态特征〕 成虫体长 3mm 左右，羽化时为乳白色，后逐渐变为黄白色，头顶前缘有 2 个明显的黑褐色小圆点，前胸背板浅黄色，有圆形小黑点 3 枚，形成一列，翅半透明，上有浅黄色及深浅相间的花斑（图 2-10）。

若虫分红褐色和黄白色两型，体长 2mm 左右。红褐色型，体红褐色，尾部有上举的习性；黄白色型，体浅黄色，尾部不上举。

卵长卵圆形，长 0.5mm，黄白色，稍弯曲。

〔为害症状〕 以成虫、若虫主要聚集在葡萄叶片背面刺吸汁液为害。受害叶片正面产生许多不规则形苍白色小点（图 2-11），严重时可导致叶片变苍白色，甚至焦枯、脱落，对果实品质及花芽分化影响很大。叶背面可以看到许多若虫、成虫及若虫的蜕皮。

图 2-10　二星叶蝉成虫

图 2-11　二星叶蝉
为害叶片症状

〔发生规律〕　在河北昌黎年发生 2 代，山东、陕西一年 3 代，以成虫在葡萄园的杂草、落叶下、土石缝中越冬。翌年 4 月初，葡萄发芽前开始活动，先在发芽早的杂草、梨、桃、樱桃、山楂上取食，5 月初葡萄展叶后才转移其上为害并产卵，5 月中旬第 1 代若虫出现，多是黄白色，6 月中旬孵化的多为红褐色，约 10 天羽化为成虫。成虫、幼虫、若虫均喜在叶脉基部群居为害。成虫能飞善跳，多横向爬行，若虫爬行敏捷，受惊很快逃跑。成虫多产卵于叶背叶脉组织内或绒毛下，产卵处变为黄褐色。

〔防治方法〕

1）加强果园管理：落叶后至早春前，彻底清除果园内的落叶、枯草等植物残体，集中深埋或烧毁，消灭越冬成虫。葡萄生长期及时清除杂草，合理修剪，保持园内通风透光良好。

2）科学药剂防治：该虫一般不需单独药剂防治。但发生为害严重的果园，在害虫较多时或第 1 代若虫集中发生期喷药 1～2 次即可。常用有效药剂有 48% 毒死蜱乳油 1200～1500 倍液、4.5% 高效氯氰菊酯乳油或水乳剂 1500～2000 倍液、70% 吡虫啉水分散粒剂

8000～10000 倍液、20% 啶虫脒可溶性粉剂 8000～10000 倍液、15% 唑虫酰胺乳油 1000～1500 倍液等。

📢 **提示** 喷药时在早、晚气温较低时进行效果较好，且应重点喷洒叶片背面。

6. 白粉虱 >>>>

葡萄白粉虱［*Trialeurodes vaporariorum* Westwood］又名温室粉虱、小白蛾子，属同翅目，粉虱科。在葡萄产区均有发生，山东省发生较重。尤其是近些年发展起来的庭院葡萄和设施栽培葡萄内该虫趋于严重。

〔形态特征〕 成虫体长 1～1.5mm，翅和身体上披有白粉，翅不透明。

3 龄若虫体长 0.5mm，浅绿色或浅黄色，足及触角退化，身上长蜡丝数根，4 龄若虫体长 0.7～0.8mm，体背有长短不齐的蜡丝，体侧有刺。

卵长约 0.2mm，有卵柄，初为浅绿色，覆有蜡粉，孵化前多为褐色（图 2-12）。

蛹壳漆黑色，椭圆形，体面有不规则隆起纹。

图 2-12 白粉虱成虫和卵

〔为害症状〕 葡萄白粉虱主要为害葡萄叶片，一叶上群集数头若虫，有时若虫布满叶片，被害处发生褪绿、变黄，此外，其分泌大量的蜜液，严重污染叶片和果实，易生霉菌，并使叶片早期脱落。

〔发生规律〕 在北方温室条件下每年可发生 10 多代，世代重叠，以各虫态在温室越冬，并继续为害，无休眠现象。在南方每年发生 5~6 代，可在寄主植物上以各种虫态越冬。成虫产卵百余粒，也可孤雌生殖，其后代为雄性。成虫喜在植物上部嫩叶背面产卵，若虫孵化后活动数小时，即固定为害。温室内及周围地段的杂草是温室白粉虱的孳生地，多在酢浆草、大蓟、蒲公英等杂草上。温室葡萄和蔬菜深受其害。温室附近露地的果树、蔬菜也受害严重。因其只能在温室过冬，故露地果树春季虫源均来自温室，秋季初冬又返回温室。其发育期适宜温度为 20~28℃，当夏季气温在 30℃ 以上时，卵、幼虫死亡率升高，成虫寿命短，产卵少，故一般发生较少。成虫对黄色有强烈的趋向性，忌避白色、银灰色。成虫有选择嫩叶产卵的习性，故植株上部为新产的卵，越往下虫龄越大。

【防治方法】

1）人工防治：白粉虱对黄色敏感，有强烈的趋向性。在温室内设置黄色板，板上涂抹粘油，诱杀成虫。

2）生物防治：温室栽植葡萄，可人工繁殖释放丽蚜小蜂，进行生物防治。

3）药剂防治：喷洒化学药剂杀灭成虫和若虫。因在同一时期内，各种虫态都有，必须连续用药。常用药剂有 10% 溴氰菊酯乳油 1000 倍液，25% 氰戊菊酯乳油 1000 倍液，2.5% 联苯菊酯乳油3000 倍液，2.5% 高效氯氟氰菊酯乳油 5000 倍液，20% 甲氰菊酯乳油 2000 倍液。

7. 烟蓟马 >>>>

葡萄烟蓟马 [*Thrips tabaci* Lindeman] 又称蓟马。属昆虫纲，缨翅目，蓟马科。在我国葡萄产区已有广泛的分布，近年来对葡萄的为害有日益增长之势。

【形态特征】 雌成虫体长 0.8~1.5mm，浅黄色至深褐色。两对翅狭长透明，边缘有很多长而整齐的缨状缘毛（图 2-13）。翅脉退化，只有两条纵脉。足的末端有泡状垫，爪退化。头略向后倾斜，口器圆锥形，为不对称的锉吸式口器，能锉破植物的表皮吸其汁液。有 1 对紫红色略突的复眼和 3 个褐色的单眼。触角 6~9 节，略呈珍珠状，雄虫无翅。

若虫浅黄色，与成虫相似，无翅。共 4 龄。1 龄白色透明。2 龄体长 0.9mm，触角 6 节，为头长的 2 倍，复眼暗红色，雄背板浅黄色，雄腹部各节有微细的褐色点，点上有粗毛。3 龄称前蛹。4 龄称伪蛹，与 2 龄相似，不取食，但活动。

卵很小，似肾形。

〔为害症状〕 烟蓟马以成虫和若虫主要吸食葡萄花蕾和幼果粒的汁液为害，主要在果粒上表现明显受害状。幼果受害，初期在果面上产生黑褐色受害斑，稍凹陷，近圆形或成条形（图 2-14）；随果粒膨大，受害部位的愈伤组织表面开裂，逐渐变黄褐色，稍隆起，条状或片状；果粒膨大期后，愈伤组织呈黄褐色，龟裂，严重时种子外露。叶片受害，多出现细小的灰黄色斑点，严重时影响生长发育、降低产量。

图 2-13　烟蓟马成虫

图 2-14　烟蓟马为害果粒症状

〔发生规律〕 在华东地区 1 年发生 6～10 代，在华北、东北地区 1 年发生 3～4 代。每代历期 9～23 天，夏季为 15 天。北方多以成虫和若虫在杂草、蔬菜和死株上越冬，少数以蛹在土中越冬。据在辽宁省盖县的初步观察，5 月下旬在葡萄初花期开始有烟蓟马为害幼果的症状，在 6 月下旬至 7 月上旬，在副梢二次花序上发现有若虫和成虫及其为害的初期症状，果面上有锈斑出现。7～8 月间可以同时看到几种虫态，为害花蕾和幼果。至 9 月虫口逐渐减少。

烟蓟马成虫极活跃，扩散速度很快，怕阳光，白天多在隐蔽处为害，夜间和阴天在叶面上为害。雌虫多于叶背表面下或叶脉内产卵。卵期6~7天，初孵若虫不太活动，集中在叶背为害。完成1代需要20天左右，适于发生的温度在25℃以下，相对湿度在60%以下，温湿度过高时不利于发生。烟蓟马能飞，但不常飞，还能跑能跳跃。烟蓟马一般为两性生殖，也有单性生殖现象。雌虫的锯状产卵管插入植物组织内产卵，单粒散产。

〔防治方法〕

1）搞好果园卫生：葡萄发芽前，彻底清除田间杂草及枯枝落叶等植株残体，减少虫源。

2）及时药剂防治：往年烟蓟马为害较重的果园，在开花前和落花后各喷药1次，或从害虫发生初期开始喷药，7~10天1次，连喷2次，即可有效控制该虫的发生为害。常用有效药剂有：4.5%高效氯氰菊酯乳油或水乳剂1200~1500倍液、48%毒死蜱乳油1500~2000倍液、70%吡虫啉水分散粒剂8000~10000倍液、20%啶虫脒可溶性粉剂8000~10000倍液、1.8%阿维菌素乳油3000~4000倍液、15%唑虫酰胺乳油1000~1500倍液等。喷药时，若在药液中混加有机硅类农药助剂，可显著提高杀虫效果。

8. 康氏粉蚧 >>>>

康氏粉蚧〔Pseudococcus comstocki（Kuwana）〕又名桑粉蚧、梨粉蚧、李粉蚧，属同翅目，粉蚧科。分布于河北、山东、辽宁、山西、河南、陕西等省。除为害葡萄外，还为害苹果、梨、桃、杏、柿子等。

〔形态特征〕 雌成虫体长5mm，宽3mm左右，扁平。椭圆形，体浅粉红色，体表被有白色蜡质物，体缘具有17对白色蜡刺，前端刺短，最末1对特别长，等于体长的1/2~2/3。雄成虫体长约1mm，体紫褐色，具翅1对，翅透明，后翅退化为棒状，尾毛长（图2-15）。

若虫初孵化时扁平，椭圆形，浅黄色，雌虫3龄，雄虫2龄。

卵椭圆形，浅橙黄色，数10粒集结成块，外覆白色蜡粉，形成白絮状卵囊。

蛹长约1.2mm，浅紫色。触角、翅、足等均外露。

〔为害症状〕 康氏粉蚧以成虫和若虫在葡萄枝蔓、嫩梢、叶片、叶柄及果穗上为害，刺吸葡萄汁液。嫩梢受害，皮层肿胀、开裂、枯死。果穗受害，常引起果粒畸形、果蒂增大、穗轴粗糙，并诱使煤污病发生，降低果品质量。树体受害严重时，树势逐渐衰弱，生长不良（图2-16）。

图 2-15 康氏粉蚧成虫

图 2-16 康氏粉蚧为害果粒症状

〔发生规律〕 此虫1年发生2~3代，以卵、若虫或受精成虫在树干、树皮裂缝及土块缝隙等隐蔽场所越冬。春季，越冬卵开始孵化，新孵化的若虫爬至葡萄的幼嫩组织上开始为害。越冬若虫直接为害葡萄。受精雌成虫取食后分泌卵囊产卵。第1代若虫盛发期为5月中下旬，成虫盛发期为6月下旬至7月初；第2代若虫盛发期为7月中下旬，成虫盛发期为8月中旬至9月上旬；第3代若虫盛发期为8月下旬，成虫盛发期为9月底。

〔防治方法〕

1）铲除越冬虫源：葡萄上架后发芽前，全园喷洒1次铲除性药剂，杀灭在枝蔓上的越冬虫卵。铲除效果好的药剂有40%杀扑磷乳油800~1000倍液、3~5波美度石硫合剂、45%石硫合剂晶体50~60倍液等。喷药时药液量要大，使药液充分渗入裂皮缝下。

2）生长期药剂防治：康氏粉蚧多为零星发生，一般不需生长期单独药剂防治，个别往年为害较重的葡萄园抓住第1代若虫期喷药防治即可。北方葡萄产区从5月中旬开始喷药，7～10天1次，连喷1～2次。防治效果好的药剂有48%毒死蜱乳油1200～1500倍液、25%噻嗪酮可湿性粉剂1000～1200倍液、70%吡虫啉水分散粒剂8000～10000倍液、20%啶虫脒可溶性粉剂8000～10000倍液等。喷药时要均匀周到，淋洗式喷雾效果最好。

9. 白星花金龟 >>>>

白星花金龟 ［*Potosia brevitarsis* Lewis］又名白星花潜、白星金龟子、铜色白斑金龟子，俗名瞎撞子。属鞘翅目，花金龟科。分布较广，河北、山东、辽宁、山西、河南、陕西等地均有发生。成虫为害葡萄、苹果、梨、桃等果实。

〔形态特征〕成虫体长20～24mm，体宽13～15mm，扁平、椭圆形，体壁坚硬，全身暗紫铜色，带有绿色或紫色闪光。头部前缘稍向上翘起，前胸背板中央及靠近小盾片处有并列白斑两个，翅鞘上有弧形隆起线一条和云片状白斑十余个，前胸背板及鞘翅上均布满许多小刻点，腹部两侧及末端也有由细毛组成的白色斑点（图2-17）。

图 2-17 白星花金龟成虫

幼虫体长24～39mm。头部褐色、较小。体向腹面弯曲呈"C"字形，胸足小，3对，无爬行能力。

卵椭圆形，乳白色，长1.7～2.0mm，同一雌虫所产，大小也不尽相同。

蛹体长约22mm，初黄白色，渐变为黄褐色。

〔为害症状〕白星花金龟成虫不仅咬食幼嫩的芽、叶、花，也蛀食果实。每当果实成熟时，常数头群集于果实的伤处，食害果肉，被害的果实易被病菌感染或招蝇、蜂继续为害，影响果实的产量和质量（图2-18）。幼虫称为蛴螬，生活于土中，为害地下部分，是主要的地下害虫之一。

图2-18　白星花金龟为害果粒症状

〔发生规律〕　此虫1年发生1代，以2龄或3龄幼虫越冬。翌年5~6月间幼虫老熟后在20cm左右深的土层中做土室化蛹，蛹期30天。6~7月间为成虫盛发期，成虫寿命40~90天。6月底、7月初开始产卵，卵散产在腐殖质多的土中及粪堆等处。幼虫孵化后以腐殖质为食料，也为害植物的根部组织。幼虫期270天左右。

成虫白天活动，为害。有假死习性。对糖醋液趋向性强。每头雌虫产卵约25粒。

〔防治方法〕

1）利用成虫的假死性，于清晨或傍晚低温时振树，捕杀成虫。也可用广口瓶、酒瓶等容器盛腐熟的果实，加少许糖蜜，悬挂于树上，诱集成虫，收集杀死。结合秸秆沤肥翻粪和清除鸡粪时，捡拾幼虫和蛹。

2）药剂防治：在成虫发生期，喷敌敌畏1000倍液或2.5%氯氟氰菊酯2000倍液等农药。

10. 虎蛾　>>>>

葡萄虎蛾〔*Seudyra subflava* Moore〕别名葡萄虎斑蛾、老虎虫。属鳞翅目，虎蛾科。分布于东北地区和河北、山东、河南、山西、陕西、湖北、江西、广东、贵州等省。幼虫咬食嫩芽和叶片，有群集为害习性，严重时可将叶片吃光。除为害葡萄外，还为害野生葡萄。

〔形态特征〕

成虫体长18~20mm，翅展44~47mm。头胸及前翅紫褐色，体翅上密生黑色鳞片，前翅中央有肾状纹和环状纹各 1 个，后翅橙黄色，臀角有一橘黄斑，中室有一黑点。腹部杏黄色，背面有一列紫棕色毛簇（图 2-19）。

老熟幼虫体长约 40mm，头部黄色，有明显的黑点。胸、腹背面浅绿色，前胸背板及两侧黄色，体表每节有大小黑色斑点，疏生长毛（图 2-20）。

图 2-19　虎蛾成虫

图 2-20　虎蛾幼虫

蛹红褐色，体长 18～20mm，尾端齐，左右有突起。

〔为害症状〕　葡萄虎蛾以幼虫咬食葡萄叶片和嫩芽为害，具有群集为害习性，严重时可将叶片吃光，仅留枝蔓，导致产量降低、树势减弱。

〔发生规律〕

葡萄虎蛾 1 年发生 2 代，以蛹在葡萄根部附近土中越冬。第二年 5 月中旬开始羽化出成虫，而后交尾产卵，卵多散产在叶片上。成虫昼伏夜出，有趋光性。6 月下旬孵化出幼虫，取食为害叶片。7 月中旬至 8 月中旬出现当年第 1 代成虫。8 月中旬至 9 月中旬为第 2 代幼虫为害盛期，幼虫老熟后入土化蛹越冬。

〔防治方法〕

1）消灭越冬蛹：结合葡萄下架防寒或春季出土上架时将越冬蛹消灭。

2）诱杀及人工捕杀：利用其趋光性用黑光灯诱杀成虫。结合夏剪，利用成虫静伏叶背的习性，进行人工捕杀。

3）药剂防治：幼虫大量发生时，可喷布50%敌敌畏、90%敌百虫1000倍液。溴氰菊酯、氰戊菊酯、氯氟氰菊酯、甲氰菊酯2000倍液等高效低毒的菊酯类农药。

11. 短须螨 >>>>

葡萄短须螨［*Brevipoalpus lewisi* Mc Gregor］又称葡萄红蜘蛛、刘氏短须螨。属蛛形纲，蜱螨目，细须螨科。此虫是我国葡萄产区重要害虫之一。主要分布于北京、辽宁、山东、河南、河北、江苏、浙江、安徽、四川、湖南、云南、台湾等地。

〔形态特征〕

雌成虫体微小，一般体长约0.32mm，宽约0.11mm，体赭褐色，眼点红色，腹背中央红色，背面有网状花纹，无背刚毛。4对足短而粗，各足胫节末端有1条特别长的刚毛。

幼虫体鲜红色，长0.13～0.15mm，宽0.06～0.08mm，足3对，白色，体两侧各有两条叶片状刚毛，腹部末端周缘有8条刚毛，其中第三对刚毛较长，针状，其余为叶片状。若虫体浅红色或灰白色，体长0.24～0.3mm，宽约0.1mm，足4对，体后部较扁平，腹部末端有8条叶片状刚毛（图2-21）。

卵椭圆形，长约0.04mm，宽0.028mm，鲜红色，有光泽。

〔为害症状〕 葡萄短须螨以幼螨、若螨、成螨为害葡萄新梢、叶柄、叶片、果梗、穗梗及果实。新梢基部受害时，表皮产生褐色颗粒状突起。叶柄被害状与新梢相同。叶片被害，叶脉两侧呈褐色锈斑，严重时叶片失绿变黄，枯焦脱落

图2-21 短须螨幼虫

（图2-22）。果梗、果穗被害后由褐色变成黑色，脆而易落。果粒前期受害呈浅褐色锈斑，果面粗糙硬化，有时从果蒂向下纵裂。后期

受害时成熟果实色泽和含糖量降低。

〔发生规律〕 在山东济南地区1年发生6代以上。以雌成虫在老皮裂缝内、叶腋以及松散的芽鳞绒毛内群集越冬。越冬雌成虫在4月中下旬出蛰，有的先在尚未露出地面的根蘖上为害，以后气温升高则为害嫩芽、嫩梢，初期多在靠近主蔓的嫩梢基部为害。4月底至5月初开始产卵，以后随着新梢

图2-22 短须螨为害
叶片和新梢症状

的长大，逐渐向上蔓延，6月大量爬上叶，为害叶柄和叶片。在叶片上多集中在叶背的基部和叶脉两侧。7月大量为害果穗，8月上中旬为果穗受害高峰，10月转移到叶柄基部和叶腋间，11月全部进入越冬。成虫有拉丝习性，但丝量很少，幼虫有群集蜕皮的习性。

〔防治方法〕

1）农业防治：防寒前剥除老树皮烧毁，消灭越冬雌成虫。

2）药剂防治：春季冬芽萌动时，用3波美度的石硫合剂加0.3%洗衣粉静置3～5min后喷洒。螨害严重时，可于若螨孵化期喷洒0.3%齐螨素2000倍液、或20%哒螨酮4000倍液。

12. 虎天牛 >>>>

葡萄虎天牛 [*Xylotrechus pyrrhoderus* Bates] 又叫葡萄枝天牛、葡萄虎脊天牛、葡萄虎斑天牛等，属于鞘翅目，天牛科。在华北、华中、东北均有发生，是葡萄主要害虫之一。

〔形态特征〕 成虫体长15mm，黑色，胸部暗红色。鞘翅有"X"形黄白色斑纹，近末端有一条黄白色横纹。腹面有3条黄白色横纹（图2-23）。

幼虫体长17mm，浅黄白色，或带微红晕，头小，黄褐色，但

紧接头部的前胸宽大，浅褐色，后缘有山字形细纹沟，无足（图2-24）。

图2-23　虎天牛成虫

图2-24　虎天牛幼虫

卵长1mm，椭圆形，一端稍尖，乳白色。

蛹为裸蛹，长12～15mm，黄白色，复眼浅赤色。

〔为害症状〕　葡萄虎天牛以幼虫蛀食枝条的髓部为害，初孵化的幼虫多从芽基部钻入枝条内部，向基部蛀食，形成的蛀食隧道内充满虫粪，受害枝条从钻蛀部位以上叶片凋萎，枝条容易被风刮断。成虫也能咬食葡萄细枝蔓、幼芽及叶片（图2-25）。

〔发生规律〕　每年发生1代，以幼虫在被害的葡萄枝蔓内越冬，第二年春季5～6月越冬幼虫开始活动为害，主要向基部方向蛀食，有时幼虫横向蛀食，导致枝条很容易被风刮断。7月幼虫开始在被害枝条内化蛹，蛹期10～15天，8月为羽化盛期。成虫产卵部位一般在新梢的芽鳞缝隙、

**图2-25　虎天牛幼虫蛀食
葡萄枝蔓**

叶腋等处，卵期7～10天，孵化的幼虫就近从芽的基部附近钻入表皮下，逐渐钻入髓部，在11月上旬基本停止为害，进入冬眠状态。

〔防治方法〕

1）人工防治：结合冬季修剪，认真清除虫枝，集中烧毁。春季萌芽期检查，凡结果枝萌芽后萎缩的，多为虫枝，应及时剪除。利用成虫迁飞能力弱的特点，人工捕捉成虫。一般在 8 ~ 9 月早晨露水未干前进行捕捉，效果很好。

2）药剂防治：在 8 月成虫羽化期，喷 90% 敌百虫或 50% 敌敌畏乳油 1000 倍液，每隔 7 ~ 10 天喷 1 次。幼虫蛀入枝蔓后，可采用 50% 的敌敌畏乳油 800 倍液注射蛀孔，并严密封堵，将其毒杀。

13. 棉铃虫 >>>>

棉铃虫〔*Helicoverpa armigera* Hubner〕又名棉铃实夜蛾。属昆虫纲，鳞翅目，夜蛾科。分布于全国各地。

〔形态特征〕成虫体长 14 ~ 18mm，翅展 30 ~ 38mm。头部、胸部及腹部浅灰褐色或青灰色。前翅浅红褐色或浅青灰色，基线双线不清晰，内线双线褐色、锯齿形。中线褐色，微波浪形。外线双线褐色、锯齿形，齿尖在翅脉上为白点。末端线褐色，锯齿形。后翅黄白色或浅黄褐色，翅脉褐色或黑色，端区褐色或黑色（图 2-26）。

老熟幼虫体长 32 ~ 45mm，头部浅黄色有深黄斑点，身体颜色变异较多，有浅红、浅绿、绿或黄白色（图 2-27）。

图 2-26 棉铃虫成虫

图 2-27 棉铃虫幼虫

卵半球形，直径0.6mm左右，初产卵为浅黄白色，孵化前呈深紫色。

蛹长17～20mm，黄褐至赭色，腹末圆形，臀棘2个、尖端微弯。

[为害症状] 棉铃虫以幼虫取食葡萄嫩梢与嫩叶为害，蛀害果实。蛀害果实时被害处为一个不规则的大孔洞，粪便排于其中，间或也有虫粪堆出被害孔外的，果实受害后常腐烂脱落。当棉铃虫为害花蕾时，会引起花蕾的脱落，咬食叶片时，则会造成叶片上的孔洞和缺刻。

[发生规律] 棉铃虫每年发生代数由北向南逐渐增加，辽河流域和新疆大部分地区1年发生3代，黄河流域和长江流域以北1年发生4代，长江流域以南1年发生5～7代。一般以蛹在土中越冬。翌年气温上升至15℃以上时开始羽化，羽化以夜间9～12时最多，越冬代成虫羽化期长达40天左右，第2代以后世代明显重叠。1年4代，第1代幼虫主要为害麦类、苜蓿等早春作物，第2代开始为害果树。第2代发生盛期在6月底至7月上中旬，第3代幼虫发生盛期在8月上中旬。

成虫昼伏夜出，有趋光性和趋化性，喜食糖蜜。卵散产于寄主的嫩梢幼叶上。幼虫多为6龄，初孵幼虫先取食卵壳，次日为害嫩芽、幼叶，3～6龄幼虫食量大增，并转移为害。

[防治方法]

1）利用黑光灯或其他灯光诱杀成虫。利用性引诱剂诱杀成虫。如使用有机溶剂提取羽化雌虫所分泌的性信息素类物质，用来诱杀雄成虫。

2）保护和利用自然天敌。如在产卵盛期释放足够数量的赤眼蜂2～3次，可使卵寄生率达到60%～80%。

3）药剂防治：在各代卵孵化盛期喷药防治。常用药剂有杀螟松乳油、敌敌畏乳油、马拉松乳油、辛硫磷乳油1500倍，或20%甲氰菊酯乳油、2.5%溴氰菊酯乳油、2.5%高效氯氟氰菊酯乳油8000倍液，均有较好防治效果。

📢 **提示** 葡萄园内及附近不种棉花、玉米等棉铃实夜蛾喜寄生植物，以减少虫源基数。

14. 桃蛀野螟 ▸▸▸▸

桃蛀野螟［*Dichocrocis punctiferalis* Guenee］又名桃蛀螟、桃蠹螟。属昆虫纲，鳞翅目，螟蛾科。在我国南、北各葡萄产区均有发生。

〔形态特征〕 成虫体长 9~14mm，翅展 20~26mm。全体橙黄色，前翅、后翅、胸部、腹部背面均散生黑色斑点，前翅有 23~28 个，后翅有 10~16 个，胸部背面 6 个，腹部除第二和第七节外，每节背面有 3 个。雄虫腹末黑色毛丛明显（图 2-28）。

幼龄幼虫乳白色，浅褐色毛片大而明显。老熟幼虫体长 25mm 左右，头部暗褐色，胸腹部颜色多变化，有暗红、浅灰褐、浅灰蓝色，腹面多为浅绿色，前胸背板黄褐至深褐色。臀部各节毛片灰褐色，腹部各节背面有 4 个毛片。

图 2-28 桃蛀野螟成虫

卵椭圆形，长 0.6~0.7mm，初为乳白色，后期红褐色。

蛹长约 13mm 左右，黄褐色。腹部第五至七腹节各有 1 列小刺，腹末有卷曲细长的臀棘 6 根。

〔为害症状〕 桃蛀野螟主要以幼虫蛀食葡萄果实为害。幼虫多从果柄蛀入，蛀食幼嫩种子和果肉，蛀孔外堆积有用丝网黏附的红褐色粪粒团，并流出透明胶汁。每头幼虫可转害 3~4 粒果实，成虫则吸食成熟的葡萄等果实的汁液（图 2-29）。

〔发生规律〕 我国北方地区每年发生 4 ~ 5 代。主要以老熟幼虫在被害僵果、树皮裂缝、石缝、向日葵花盘、板栗虫苞、蓖麻种子及玉米、高粱秸秆内越冬。也有少部分以蛹越冬。在山东越冬代成虫于 5 月中旬至 6 月上中旬羽化、产卵，6 月中下旬老熟幼虫在受害果洼处或树皮缝化蛹。6 月中下旬出现第 1 代幼虫，主要为害早熟桃、李等果实。第 1

图 2-29 桃蛀野螟幼虫
为害果实症状

代成虫于 7 月中下旬出现，可到葡萄上产卵。7 月中下旬发现第 2 代幼虫，8 月上中旬是第 2 代幼虫发生盛期，此时葡萄受害率最高。桃蛀野螟成虫白天静伏在叶片背面，傍晚以后活动产卵，喜产在枝叶茂密的果缝处。成虫对黑光灯和糖醋液趋性较强，喜食花蜜和成熟的葡萄与桃的汁液。桃蛀野螟的发生与降雨有一定关系，一般多雨季节有利于该虫发生。

〔防治方法〕

1）消灭越冬幼虫：在幼虫越冬前在树干上束草诱集越冬幼虫，清理果园周围的玉米、高粱、向日葵、蓖麻等作物的残株落叶，结合刮树皮，集中烧毁，以压低虫口密度，减少虫源基数。及时摘除受害果穗。在套袋前结合其他病虫害防治喷杀虫杀菌剂 1 次。

2）药剂防治：当成虫连续出现且数量猛增时，表明已进入羽化盛期。2 ~ 4 天后为产卵盛期，7 ~ 8 天后为幼虫孵化盛期，可以在产卵盛期喷药。常用化学药剂有：50% 杀螟松 1000 倍液，对卵、各龄幼虫及各代成虫均有高效防治性，注意应在采收前 20 天使用。此外可选用 2.5% 溴氰菊酯 2000 ~ 3000 倍液、90% 敌百虫或 50% 敌敌畏乳油 1000 ~ 1500 倍液、20% 氰戊菊酯 3000 倍液等防治。

15. 东方盔蚧 >>>>

东方盔蚧〔*Parthenolecanium orientalis* Bouchsenius〕又名褐盔蜡蚧、扁平球坚蚧、刺槐蚧，属同翅目，坚蚧亚科。分布于河北、河南、山东、山西、江苏、青海、辽宁等省。寄主有葡萄、桃、李、苹果、梨、刺槐等，尤其以葡萄、桃、刺槐发生较重。

〔形态特征〕 雌成虫椭圆形，红褐色，体长 6mm 左右，宽 3.5~4.5mm，背部隆起，两侧有成列的大凹点，边缘较平，外壳较硬。

若虫初孵为黄白色，长大逐渐加深呈黄褐色，体扁平，椭圆形。越冬若虫体赭褐色，体外有一层极薄的蜡层。

卵长椭圆形，浅黄白色，孵化前呈粉红色，长 0.5~0.6mm，卵上覆盖蜡质白粉。

〔为害症状〕 东方盔蚧以成虫和若虫主要在枝蔓上为害，有时也可为害叶和果穗（图 2-30、图 2-31）。在枝蔓、叶和果穗上固定刺吸葡萄汁液，并排泄黏液落在枝叶和果穗上，进而引起霉菌寄生，污染叶片和果穗，造成树势衰弱，影响产量和品质。

图 2-30 东方盔蚧为害枝蔓
及各种虫态

图 2-31 东方盔蚧为害
果粒症状

73

〔**发生规律**〕 每年发生 2 代，以 2 龄若虫在枝蔓的裂皮缝下、叶疤处或枝条的阴面越冬。翌年寄主发芽时若虫转移到枝条上固定取食，虫体迅速膨大。4 月下旬至 5 月成虫产卵，每头雌虫可产卵数百粒至千余粒，产卵期约 1 个月。5 月中旬开始孵化，5 月下旬到 6 月初为孵化盛期。若虫先在叶背面为害，到 6 月中旬蜕皮，2 龄时转移到当年生枝蔓、穗轴、果实上固定为害。7 月中旬羽化为成虫并产卵。7 月下旬到 8 月初孵化，仍先在叶上为害，9 月陆续转到枝蔓上越冬。雌成虫主要是孤雌生殖。

〔**防治方法**〕冬季清园，将枝干翘皮刮掉。发芽前喷 5 波美度石硫合剂，杀灭越冬若虫。第 1 代若虫出现时，喷布 50% 敌敌畏或 40% 乐果乳油 1000 倍液，25% 蚧死净乳油 1000～1200 倍液，50% 辛硫磷乳油 1000 倍液加助杀灵 1000 倍液。

提示 葡萄园周围不宜用刺槐作防护林。如刺槐上有桃蛀野螟发生，应同时防治。

16. 天蛾 >>>>

葡萄天蛾 [*Ampelophaga rubiginosa* Bremer et Grey]，又名车天蛾、轮纹天蛾和豆虫等。属于鳞翅目、天蛾科。在我国北方、南方各葡萄产区均有分布。

〔**形态特征**〕成虫体长 45～90mm，翅展 85～100mm。体粗壮，纺锤形，茶褐色。触角短粗篦齿状。体背中央从前胸到腹部末端有 1 条灰白色纵线。腹面色浅呈赭色。前翅顶角较突出，黄褐色，各横线都为暗茶褐色，中线较宽，外线较细，呈波纹状。前缘顶角处有一暗色三角形斑。后翅黑褐色，外缘及后角附近各有 1 条茶褐色横线。前翅及后翅反面红褐色，前翅基半部黑灰色，外缘红褐色（图 2-32）。

老熟幼虫体长 80mm，绿色，背面色较浅，体面有横条纹和黄色颗粒状小点。头部有 2 对近于平行的黄白色纵线。胸足红褐色，其上方有 1 个黄斑。第八腹节背面有一锥形尾角、黄色、末端向上弯曲。腹部背线绿色、较细，腹部背线两侧有 1 个呈"八"字形的黄色纹（图 2-33）。

图 2-32　天蛾成虫

图 2-33　天蛾幼虫

卵球形，卵径 1.5mm，浅绿色，近孵化时褐绿色。

蛹体长 45 ~ 55mm，长纺锤形，初期灰绿色，后期背面呈棕褐色，腹面暗绿色。

〔为害症状〕 葡萄天蛾以幼虫主要为害葡萄叶片，低龄幼虫将叶片吃成缺刻或孔洞，高龄幼虫将叶片的叶肉吃光，仅残留叶脉和叶柄。影响葡萄产量与品质，并导致树势衰弱。

〔发生规律〕

每年发生 1 ~ 2 代，以蛹在土壤中或树下的杂草覆盖物下面越冬，第二年 5 月末至 7 月初越冬成虫羽化，6 月中旬为成虫盛期，成虫寿命 7 ~ 10 天，昼伏夜出，飞翔力强，有趋光性，每雌虫产卵 150 ~ 180 粒，多散产于嫩梢或叶片背面，卵期 6 ~ 8 天。幼虫白天静伏于叶片背面，夜间取食。幼虫期 30 ~ 45 天，高龄幼虫食量非常大，常把局部的叶片吃光。7 月中旬幼虫开始钻入葡萄架下面的土壤中化蛹，蛹期 15 ~ 18 天，8 月上旬就可以见到第 2 代幼虫为害，进入 9 月下旬以后幼虫陆续就近入土化蛹。

〔防治方法〕

1）诱杀与人工捕杀：利用成虫的趋光性，设置黑光灯或频振式诱虫灯，诱杀成虫。结合整枝打杈，发现幼虫，人工捕杀。

2）适当药剂防治：葡萄天蛾多为零星发生，一般不需单独药剂防治。个别虫害发生较重的果园，在幼虫发生期喷药防治1次，即可基本控制该虫的发生为害。常用有效药剂有20%灭幼脲悬浮剂1500～2000倍液、20%除虫脲悬浮剂1500～2000倍液、4.5%高效氯氰菊酯乳油或水乳剂1200～1500倍液、48%毒死蜱乳油1500～2000倍液、1.8%阿维菌素乳油3000～4000倍液、200g/L氯虫苯甲酰胺悬浮剂3000～4000倍液等。

17. 十星瓢萤叶甲 >>>>

葡萄十星瓢萤叶甲［*Oides decempunctata*（Billberg）］，又名葡萄金花虫、十星大圆叶虫。属鞘翅目、叶甲科，分布于河北、辽宁、山西、陕西、湖北、广西、福建、贵州、四川等省或自治区。

〔形态特征〕 成虫体长约12mm，宽约8mm，体黄褐色、椭圆形，背隆起近半球形，似瓢虫。头小，触角线状，末端3～4节黑褐色，前胸背板前角略向前伸突，每鞘翅上各有圆形黑色斑点5个，两个鞘翅共10个（图2-34）。

卵椭圆形，长约1mm，初为草绿色，以后变成褐色或黄褐色。

老熟幼虫体长8mm。体扁而宽、黄色。胸部背面有褐色突起2行，每行4个。腹部共有9节。

蛹长约12mm，金黄色，裸蛹，腹部两侧呈齿状突起。

图2-34 十星瓢萤叶甲成虫

〔为害症状〕 葡萄十星瓢萤叶甲以成虫和幼虫取食葡萄嫩芽和叶片为害，造成叶片穿孔、残缺，严重时把叶片吃光，残留主脉（图2-35）。

〔发生规律〕 北方地区每年发生1代，长江以南地区每年发

生 2 代，均以卵在根际附近的
土中或落叶下越冬。北方地区
5 月中下旬开始孵化，6 月上旬
进入盛期，幼虫沿蔓上爬，先
群集为害芽叶，后向上转移，3
龄后分散到上部叶片。早、晚
喜在叶面上取食，白天隐蔽，
有假死性。老熟后，于 6 月底
入土，在 3～6cm 处做土茧化
蛹，蛹期约 10 天，7 月上中旬

图 2-35　十星瓢萤叶甲为害叶片症状

羽化。成虫白天活动，有假死现象。交配后 8～9 天开始产卵，卵多
产于距植株 30cm 左右土表。8 月上旬至 9 月中旬为产卵盛期，每雌
虫可产卵 700～1000 粒，以卵越冬。

〔防治方法〕

1）秋末，修剪、清除葡萄园枯枝落叶和杂草，烧毁或深埋，
消灭越冬卵。

2）利用其假死性，振落捕杀成虫和幼虫。

3）药剂防治。喷洒 80% 敌敌畏乳油 1000 倍，5% 氯氰菊酯乳
油 3000 倍液，2.5% 高效氯氟氰菊酯乳油 3000 倍液，10% 联苯菊酯
乳油 6000～8000 倍液。

18.　根瘤蚜 >>>>>

葡萄根瘤蚜〔*Phylloxera vitifoliae* Fitch〕属同翅目，根瘤蚜科，
只为害葡萄，主要是葡萄根部和叶部。在我国山东省烟台、辽宁省
兴城、辽阳、丹东、盖县及陕西为害严重，疫区有扩大趋势。在欧
洲系葡萄品种上只有根瘤型，美洲系葡萄品种上有根瘤型和叶瘿型
两种。

〔形态特征〕　由于生活习性及环境条件不同，葡萄根瘤蚜的
形态有很大的变化。

1）根瘤型：成虫体长 1.2～1.5mm，卵圆形，鲜黄或黄褐色。
触角及足黑褐色，背部具有黑色瘤状突起。触角 3 节。卵长 0.3mm，

长椭圆形，初为浅黄色，后渐变为暗黄色。若虫初孵的体色为浅黄色，触角及足为半透明状，以后渐变为黄色，足呈黄色。共4龄。

2）叶瘿型：成虫体近圆形，黄色，背部无瘤状突起。触角3节。卵长椭圆形，浅黄色，有光泽，壳较薄。若虫与根瘤型的若虫相似，但体色较浅。

3）有翅型：成虫长0.8~0.9mm，体色为黄色。翅灰白色透明，翅上有半圆形小点。触角3节，第三节基部和端部各有感觉圈1个。卵与根瘤型的卵相似。若虫1~2龄同根瘤型，而3龄时可见有黑褐色的翅芽。

4）有性型：雌成虫约0.38mm，雄成虫约0.32mm，黄褐色，无翅。卵为深绿色，长0.27mm，椭圆形。

〔为害症状〕 葡萄根瘤蚜主要通过成虫、若虫刺吸葡萄叶片和根系的汁液养分为害。叶片受害后在背面出现很多粒状虫瘿（图2-36）。根系受害后在须根上形成小米粒大小的根瘤，主根上则形成较大的瘤状根结（图2-37）。经过夏季的雨季，根瘤皮层逐渐绽裂，最后局部溃烂，造成树势衰弱，甚至整株枯死。欧洲系葡萄品种只有根部受害，而美洲系葡萄品种则叶片和根部都可以受害。

图2-36 根瘤蚜为害叶片症状

图2-37 根瘤蚜为害根系症状

〔发生规律〕 葡萄根瘤蚜在美洲野生葡萄、美洲系葡萄品种或用美洲系葡萄品种作为砧木的欧洲系葡萄品种上有完整的生活周期，既有叶瘿型症状又有根瘤型症状。在欧洲系葡萄品种上生活周期不完整，只有根瘤型，而无叶瘿型。根瘤型每年发生 5～8 代，叶瘿型发生 7～8 代，主要以根瘤型成虫在较深根际越冬，间或以有性蚜虫交配产卵越冬。

在我国发生的根瘤蚜主要以根瘤型为主。以初龄若虫在表土和粗根的缝隙中越冬，春季 4 月开始活动，春季 5～6 月和秋季 9 月是蚜虫发生的两个高峰期。夏季的降雨常使被害根腐烂，促使蚜虫向表层的须根转移，形成很多菱形的小根瘤。

根瘤蚜的卵和若虫对低温的耐受力很强，在温度达到 -14～-13℃ 时才可以被冻死。月平均 100～200mm 的降雨量最适合繁殖，雨量过大或根部淹水时间长，可以抑制根瘤蚜的繁殖。黏性土壤比较适合根瘤蚜的繁殖，而沙土或沙壤土则对其繁殖不利。

根瘤蚜的近距离传播主要靠风力、雨水、劳动工具和水流等；远距离的传播主要是靠从疫区调运苗木、插条和砧木。

〔防治方法〕

1）加强植物检疫：严禁从疫区向外运输苗木、插条。必须运插条时，插条一定要经检疫部门进行检疫，并用 40% 乐果乳油 1000 倍液彻底灭蚜，一般将插条放入药液中浸泡 1～2min，可有效地杀死活动蚜虫。

2）用免疫性砧木嫁接葡萄，培育和选用抗蚜品种，建立无虫苗圃。

3）对发生根瘤蚜的园地，利用 50% 辛硫磷乳油 1500 倍液灌根，每株药液用量 15kg，或利用大水灌溉，阻止根瘤蚜的繁殖。

19. 杨叶甲 >>>>

杨叶甲〔*Chrysomela populi* Linnaeus〕又名榆兰金花虫、杨金花虫、赤杨金花虫等，属鞘翅目、叶甲科，分布于华北、华东等地。

〔形态特征〕

1）成虫：体长 9～12mm，宽约 7mm，近椭圆形，背面隆起，体蓝黑色，鞘翅红色或红褐色，具有光泽，头小，触角 11 节，丝状；复眼黑色，前胸背板蓝紫色。

2）幼虫：体长 15～17mm，头黑色，胸腹部白色略带黄色光泽。各节具有成列黑斑，体背两列黑斑大而明显，前胸背板具有 1 对弧形黑斑，中、后胸两侧各具有黑色肉刺突 1 个。尾端黑色，腹面具有伪足状突起（图 2-38）。

3）卵：橙黄色，长椭圆形，长约 2mm（图 2-39）。

图 2-38 杨叶甲成虫和幼虫

图 2-39 杨叶甲产卵

4）蛹：长约 10mm，金黄色。

〔为害症状〕 杨叶甲主要为害葡萄、杨、柳、榆树等，成虫取食芽及嫩叶，常把新芽、嫩叶吃光。

〔发生规律〕 在华北地区，每年发生 1 代，以成虫在落叶、草丛或土壤中越冬。第二年春季杨柳发芽时成虫开始出蛰，为害葡萄的新芽和幼叶，影响葡萄的枝叶伸展。成虫白天活动，不善飞，喜爬行，具有假死性。取食开始交配产卵，卵多成块，产在叶背或嫩枝、叶柄处，每块卵 40～120 粒，每只雌虫可产卵 240～350 粒；成虫寿命长，5 月进入产卵盛期，卵期 4～12 天。1～2 龄幼虫群集取食叶肉，残留表皮、叶脉，呈网状，2 龄后分散，3～4 龄能食尽叶片，为害期长。幼虫老熟后在叶片或嫩枝上化蛹，1 周后羽化为成虫。气温高于 25℃时，羽化成虫多潜伏在草丛等隐蔽处或松散的表土层越夏，秋季复出为害，9 月底 10 月初潜入枯枝落叶或土中越冬。

〔防治方法〕

1）冬春清除园内落叶、杂草，集中烧毁，可杀灭部分越冬成虫。

2）成虫和幼虫为害期，喷洒有机磷或菊酯类杀虫剂，均有较好的防治效果。

⚠️ **注意** 因杨树、柳树同为杨叶甲寄主，故葡萄园周围不种杨树、柳树，以减少对葡萄的为害。

20. 瘿蚊 >>>>

葡萄瘿蚊［*Cecidomya* Sp］又名葡萄食心虫，属昆虫纲，双翅目，瘿蚊科。分布于吉林、辽宁、山西、陕西等省，有的地区较严重，品种不同受害症状各异。

〔形态特征〕

1）成虫似蚊，羽化后鲜黄色，逐渐变黄褐色。雌成虫体长3mm，翅展6~7mm，头小，复眼黑大，触角丝状、14节，长为体长的一半；翅1对，膜质，后翅退化为平衡棒；胸足细长，3对；腹部8节，末端呈短管状，产卵管针状，红褐色至褐色。雄成虫体略小，触角与体等长，腹部末端外生殖器呈钩状。

2）初孵幼虫体长0.3mm，白色透明，后变黄色透明。老熟幼虫体长3~3.5mm，橙黄色，扁纺锤形，无足；头和体节区别不明显；中胸腹面有一明显的褐色剑状骨片；体末有2个小突起。

3）蛹为裸蛹，纺锤形，体长3~4mm，最初黄白色，后逐渐变黄褐色至黑褐色。头顶有1对刺状突起，复眼间有两列刺突。近羽化时头、翅、足均为黑褐色。

〔为害症状〕 葡萄落花后葡萄瘿蚊幼虫蛀入小幼果内为害，被害果粒迅速膨大，呈扁圆形。果梗较细，萼片不脱落，果顶略陷，色深绿或红褐，颜色不一。被害果长到1cm左右便停止生长，果肉不能形成种子。果内充满虫粪，不能食用。幼虫在被害果内化蛹及羽化，在果面上有圆形虫孔，蛹壳半端露于羽化孔外（图2-40）。

〔发生规律〕 在葡萄上只发生1代，以幼虫在树下土壤浅表处结茧越冬。葡萄出土后幼虫化蛹，开花前后羽化为成虫。葡萄幼果期，成虫产卵于果粒上，每果1卵，卵期10～15天，幼虫孵化后即在果内为害，于果内20～25天老熟化蛹，蛹期5～10天。7月上旬为羽化初期，中旬为盛期。成虫白天活动，飞翔力不强，成虫产卵较集中，在葡萄架上以中部果穗落卵较多，品种之间受害程度不同，巨峰、龙眼受害较重。

图2-40 瘿蚊为害果粒症状

葡萄瘿蚊

〔防治方法〕

1）成虫羽化前彻底摘除被害果穗，集中消灭其中的幼虫和蛹。连续进行2～3年，基本消灭其为害。

2）用塑料薄膜袋或废纸袋，在成虫出现前进行花序套袋，防止成虫产卵。葡萄开花时取掉套袋，效果极好。

3）药剂防治：害虫大量发生时，喷40%水胺硫磷乳油1000倍液，或5%氯氰菊酯1500倍液。

三、葡萄生理性病害及缺素症

1. 日灼病 >>>>

葡萄日灼病又称日烧病。这是一种发生较为普遍的生理病害。

[症状] 日灼病是由于高温造成的局部伤害。伤害部位主要在幼果表面、幼嫩果柄及小穗轴上，严重时也出现在穗轴上。果穗的向阳面特别是朝西南方向的果粒表面较易受害。果粒受害，最初果面失绿白化，出现浅褐色、豆粒大小微凹的病斑（图3-1），后逐渐扩大呈椭圆形，大小为7~8mm的干疤，病斑表面稍凹陷。再加重时，整个果粒在几天内干枯成黄褐色干缩果（图3-2）。果柄或小穗轴发病时先出现不规则浅黄色斑块，接着病斑扩大到整段小穗轴，果柄逐渐干枯缢缩，病部以下的果实得不到养分、水分供应，也逐渐失水、萎缩、干枯，成了干缩果。其症状与房枯病相似，也与穗轴病、白腐病相似。

图3-1 日灼病初期症状　　　**图3-2** 日灼病后期症状

受害处易遭受炭疽病菌或其他果腐病菌的后继侵染而引起果实腐烂。

[发生规律] 葡萄日灼病的发生，主要是由于果实在夏日高温期直接暴露于强烈的阳光下，使果粒表面局部温度过高，水分失调、呼吸异常，以至于被阳光灼伤，或由于渗透压高的叶片向渗透压低的果实争夺水分，而使果粒局部失水，再被高温灼伤。果实在温度达35℃经3.5h，或38~39℃经1.5h就发生日灼病。

栽培条件与日灼病的发生也有很大关系。一般篱架式比棚架式栽培的发病重；地下水位高、排水不良的果园发病重；氮肥施肥过多、叶面积大、蒸腾作用强的果园，发生日灼病也比较严重。

品种之间，发病的轻重程度也差异很大。保尔加尔、红大粒、亚历山大、白鸡心、黑汉、玫瑰香等薄皮品种，发病较重。

〔防治方法〕

1）适当密植，合理修剪，使果穗处于叶的阴凉处，可基本控制日灼病的发生。

2）增施有机肥，提高土壤肥力及保水能力，适当深施肥，使根系向纵深发展，增强吸水性能，增强树势，提高树体抗逆能力。

3）在高温季节，注意及时浇水，保证水分供应，也可减轻日灼。

4）药物防治。在高温季节喷施 0.1% 硫酸铜溶液，以增强葡萄的耐湿热性，喷洒 27% 高脂膜乳剂 80～100 倍液，以保护果穗不得日灼病。

2. 气灼病 >>>>

气灼病是近年来在大粒葡萄品种上常见的一种生理性病害，而且由于气候的变化，发病逐年增多、加重，气灼病对果实生长影响很大，它已严重影响到鲜食葡萄的生产和发展。

〔症状〕气灼病主要为害幼果期的绿色果粒，它和日灼病的最大区别在于日灼病果发病部位均在果穗的向阳面和日光直射的部位，如在果穗肩部和向阳部位；但气灼病的发生无部位的特异性，几乎在果穗的任何部位均可发病，甚至在棚架的遮阳面、果穗的阴面和果穗内部、下部果粒均可发病。

果粒受害，在果穗上为零星发生。初期果面产生浅褐色近圆形凹陷病斑，边缘不明显（图3-3），果皮及皮下果肉坏死；随病情加重，病斑扩大，形成浅褐色至褐色的凹陷病斑，表面皱缩，浅层果肉开始坏死；严重时，整个果粒干缩为浅褐色至紫褐色僵果（图3-4）。叶片受害，初期产生浅褐色不规则形斑点，病斑处不枯死；后期病斑扩大，颜色加深，呈褐色至紫褐色不规则形，边缘明显；严重时，病斑处干枯，颜色变浅。

图 3-3 气灼病初期症状

图 3-4 气灼病后期症状

〔发生规律〕 气灼病是一种生理性病害，主要由阳光过度直射引起，气温过高也可导致该病发生。修剪过度、果实及嫩叶不能得到适当遮阴、土壤供水不足是诱发气灼病的主要原因。肥水管理不当、结果量过大，导致树势衰弱，可加重该病的发生。另外，有些品种耐热能力较低，高温干旱季节容易发生气灼病。

〔防治方法〕

1）适当密植，合理整枝打杈，使果穗得到充分遮阴，基本可控制该病的发生。南方葡萄产区，适当遮阴栽培，降低阳光对植株的直射。

2）实施果实套袋，避免果实遭阳光直射。

3）增施有机肥及农家肥，提高土壤肥力及保水能力；适当深施肥，诱导吸收根系向深层发育，增强吸水性能，增强树势，提高树体抗逆能力。高温季节，注意及时浇水，保证土壤水分供应。

4）药物防治。高温季节，喷施 0.1% 硫酸铜溶液，可增强葡萄耐热性。

⚠️ **注意** 目前生产中对日灼病和气灼病还未见有效的治疗药剂，因此不要盲目用药进行治疗，以免造成更大的损失。

3. 裂果病 >>>>

葡萄采收前常发生裂果现象，尤其在果实成熟后期的多雨年份更为严重，裂果影响果实的外观，可导致病原微生物的侵染，发生腐烂，严重降低了果实的商品价值，造成很大经济损失。

[症状] 裂果症即为果粒开裂，主要发生在果实近成熟采收期。果粒多从顶部开裂，形成较大裂缝，果肉甚至种子外露（图3-5）。裂口处既可诱发灰霉病发生，也可诱发酸腐病发生，并可诱发杂菌感染造成果粒腐烂，还可引诱金龟子等害虫进行为害（图3-6）。

图3-5 葡萄裂果症状

图3-6 裂口引起杂菌污染症状

〔发生规律〕 从生理上分析，主要是葡萄的果皮组织脆弱，特别是果皮强度随着果实成熟度的增加而减弱；另一方面与栽培条件、气候变化引起的果粒内膨压增大有关。其中土壤对裂果的影响最大，板结的土壤、易旱易涝的黏质土壤发生裂果较多。结果过多，容易发生裂果。此外，雨季多雨，着色期干湿度变化大时，容易发生裂果；着色不良的树及着色不良的年份，发生裂果尤多。无核果柱头很大，多雨期这一部分充满霉菌，因而损伤果皮而裂开，这是裂果的原因之一。

〔防治方法〕

1）加强栽培管理：增施有机肥及农家肥，适量混施钙肥，促进树体及果实对钙的吸收，提高果实抗逆能力。干旱时及时浇水，多雨时及时排涝，尽量使果园土壤水分供应平衡。近成熟期使用催红药时，科学掌握用药浓度。

2）适量叶面喷钙：葡萄落花半月后，每半月左右叶面及果面喷钙1次，直到采收前半月左右，对防治果粒开裂具有良好的控制效果。常用有效钙肥有佳实百800～1000倍液、速效钙500～600倍液、高效钙500～600倍液及氨基酸钙、腐殖酸钙等。

4. 水罐子病 >>>>

葡萄水罐子病也称转色病、水红粒，是葡萄上常见的生理病害，在产量过高、管理不良的情况下，水罐子病尤为严重。

〔症状〕 水罐子病主要表现在果粒上，一般在果粒着色后才表现症状。发病后果穗先端果粒明显表现出着色不正常，色泽浅，果粒呈水泡状，病果糖度降低，变酸，果肉变软（图3-7），果肉与果皮极易分离，成为一包酸水，用手轻捏水滴成串溢出，故有水罐子之称。发病后果柄与果粒处易产生离层，极易脱落。

〔发生规律〕 葡萄水罐子病是由于营养失调或营养不良所导致的一种生理病害。一般在树势衰弱、摘心重、负载量过多、肥料不足和有效叶面积小时，病害发生严重。另外地下水位高或果实成熟期遇雨，田间湿度大，温度高，影响养分的转化，此病发生也较重。

〔防治方法〕

1）加强果园土、肥、水的管理：增施含磷、钾的有机肥，如鸡鸭粪、草木灰等农家肥，适量施用氮肥。在 7～8 月结合喷药喷施 0.3% 磷酸二氢钾溶液，增加叶片和果实的含钾量，及时锄草，勤松土。

2）合理控制树体负载量：在适当多留结果枝、保证产量的前提下，采用"一枝留一穗"的办法，每个结果枝只留 1 穗果，尽量减少再次果。1 个果枝上留 2 个果穗时，第一穗水罐子病比率高。

图 3-7 水罐子病

3）增大叶果比：主梢叶片是一次果所需养分的主要来源，应适度多留；在留多次果的情况下，适当多留副梢叶片，保证多次果的营养来源。果枝上留 5～7 片叶，天旱及时摘心，以增大叶果比。

📢 提示　要注意保持排灌通畅，天旱要及时灌水。雨多或地势低洼、地下水位高的地块，及时排水，以降低地下水位。

5. 突发性萎蔫 >>>>

葡萄突发性萎蔫是近年来葡萄上新发生的一种突发性病害，该病发病十分迅速，对生产影响较大。

〔症状〕该病主要发生在葡萄萌芽以后，当葡萄接近开花时突发新梢枝蔓和叶片萎蔫，枝蔓迅速死亡，但老蔓基部仍然可以萌出隐芽或萌蘖。发病植株也会出现根颈部腐烂、根系腐烂等多种复杂表现。

[发生规律] 葡萄突发性萎蔫的原因尚不十分清楚，冻害、根颈部伤害、土壤管理不善、营养水分失调，常常成为发病的诱因。幼龄树发病明显较重，而且发病时间集中在气温上升较快的开花前这一阶段。

[防治方法] 由于目前该病的病因还没有确定，因此有效的治疗方法还值得进一步研究，但应针对诱因进行及时防治。

1）加强植株防寒，尤其在埋土防寒和不埋土的分界地区，一定要注意保护根颈部。

2）注意土壤水肥管理，保持土壤疏松，促进枝蔓正常成熟。

3）发病初期，可采用短期晾根，根部灌入 100 ~ 200 倍的硫酸铜、1000 ~ 2000 倍的多菌灵等，均有一定的缓解挽救作用。对行间发病较重的植株应及时去除，并将其根系部位的土壤进行更换，同时浇灌 1% 硫酸铜药液进行消毒后再进行补栽。

6. 缺钾症 >>>>

葡萄常被称为典型的钾质果树，对钾的需求远远高于其他各种果树。钾对葡萄果实的含糖量、风味、色泽、成熟度、果实的储运性能、根系的生长及葡萄枝蔓的成熟度、充实度均有非常积极的作用。近年来，由于过分地追求高产，缺乏对钾肥的施用，常常造成葡萄的缺钾现象。因此补充钾肥是葡萄田间管理中经常要进行的一项工作。

[症状] 葡萄缺钾时植株抗病力、抗寒力明显降低，同时光合作用受到影响；果实小，着色不良，成熟前容易落果，产量和品质降低。缺钾时枝条中部的叶片表现为扭曲，叶边缘失绿变干，并逐渐由边缘向中间枯焦，叶片畸形或皱缩，严重时叶缘组织坏死焦枯，甚至整叶枯死，叶子变脆容易脱落（图 3-8）。

【发生规律】 钾在葡萄植株体内有运输和储藏养分的功能。可使淀粉转化为糖分，促进葡萄的新陈代谢。主要可促进果实成熟，促进芳香物质和色素的形成，增进着色，提高含糖量，增加果穗的重量，提高果实的耐储性。据分析，葡萄果实的矿质元素中，钾的含量最高，有"钾质作物"之称。因此，即使在含钾量丰富的土壤中，也常会发生缺钾现象。钾肥可以明显地提高葡萄的抗病能力。钾素随着葡萄的

图3-8 缺钾叶片症状

生长发育开始就被吸收，直到成熟期。在开花期后，尤其是果实膨大期，需大量钾素供应。因而钾素由茎、叶向果实内转移，使茎、叶中的含钾量大为减少。此时如果土壤中含钾量不足，常出现老叶褪绿及部分组织变褐枯死的现象。尤其是超负荷结果的植株，缺钾更为明显。此外，降雨过多被水淹的葡萄园，也会发生缺钾症。

【防治方法】

1）在生长期根外喷施钾肥，一般从7月起，每隔半个月左右喷1次0.3%的磷酸二氢钾，直至8月中旬，共喷3~4次。

2）根外喷3%草木灰浸出液或0.2%~0.3%的氯化钾，对减轻缺钾症均有良好的效果。

⚠ **注意** 在生产上，要适量留果，不要使树体负荷过重，并注意适当控制氮肥施用量。氮肥过多，会抵消植株对钾的吸收和利用。

7. 缺硼症 >>>>

硼素是葡萄开花、坐果所必需的微量元素之一。硼能促进葡萄树体内的糖分的运输、促进植株对其他阳离子如钾、钙、镁的吸收，可以加强花粉的形成和花粉管的伸长。

〔症状〕 缺硼症主要表现在叶片和果实上。在叶片上，幼叶出现水浸状浅黄色斑点，随叶片生长而逐渐明显，叶缘及脉间失绿，叶脉变褐，新叶皱缩畸形（图3-9），叶肉表现褪绿或坏死。花期缺硼，常表现花冠不能脱落，呈茶褐色筒状，有时会引起严重落花，甚至花穗枯萎。缺硼植株多结实不良。膨大期果实缺硼，导致果肉组织变褐坏死。果实膨大后期缺硼，引起果粒维管束和果皮褐变（图3-10）。

图3-9 缺硼叶片症状　　　　图3-10 缺硼果实症状

〔发生规律〕 缺硼症是一种生理性病害，由于缺硼引起。土壤有机质贫乏、速效化肥施用比例失调及强酸性土壤容易造成缺硼；土壤干旱，影响根系对硼素的吸收，易导致缺硼；沙性土壤，硼素易随水分淋渗，常引起缺硼；碱性土壤中，硼素已被固定，容易造成缺硼。另外，硼在植株体内不能储存，也不能由老组织向新生组织移动，所以在整个葡萄生长期应保证硼素的平衡供应。

〔防治方法〕

1）改良土壤，增施有机肥和含硼的多元复合肥，改善土壤的理化结构。结合秋施基肥，每公顷施入22.5～30kg硼酸或硼砂。用硼砂作为追肥，施入根系，施后灌水。

2）在花蕾期和初花期，叶面喷施 0.3% ~ 0.5% 的硼砂水溶液，有利于提高坐果率。

8. 缺铁症 >>>>

铁对葡萄的叶绿素形成有催化作用，同时，铁也是构成呼吸酶的重要成分，在呼吸过程中承担着重要角色，一旦缺铁，则叶片中的叶绿素就不能正常合成，出现叶片黄化现象，即俗称的黄叶病。

〔症状〕葡萄黄叶病是由缺铁引起的，最初症状是幼叶的叶脉间叶肉先褪绿黄化，至白化，叶片边缘变褐枯死。严重缺铁时，整株叶片变小、黄化、节间短，生长衰弱，落叶早，结果少或不结果。即使坐果，果粒发育不良。如果轻度缺铁，当年及时矫治可恢复正常，一般新梢叶片转绿较快，老叶片转绿较慢（图3-11）。

〔发生规律〕铁是植物生产碳水化合物多种酶的活性物质，缺铁时，叶绿素的形成受阻使叶片褪绿。在田间土壤中，铁以盐类化合物或氧化物等形式存在，这些化合物在一定条件下释放出铁的活性态，被根系吸收利用。但土壤黏重，

图3-11 缺铁叶片症状

碱性过大，或含碳酸钙过量、排水不良等，使活性铁被固定为不溶性铁，不易被根吸收，形成黄叶病。特别是在春季，植株新梢生长速度过快，铁素供应不及时会导致黄叶病的发生。铁元素在植物体内移动性差，不能再利用，因此，缺铁症状容易在新梢和新展的叶片上发生。前一年叶片早落，根系发育不良或结果量过大，均加重黄叶病的发生。

〔防治方法〕

1）早期施基肥时加入铁肥效果较好。每 1000kg 有机肥加入 250g 的硫酸亚铁。

2）为了避免土壤对铁的固定，常采用硫酸亚铁根外喷肥。但

铁在葡萄体内运转能力差，喷施后只有接触铁肥溶液的部位转绿。因此，最好连喷 2~3 次。剂量为 0.2%~1%，每亩用 75~100kg 溶液。使用 0.04%~0.1% 的黄腐酸铁对缺铁失绿的防治效果比硫酸亚铁等要好。

9. 缺锰症 >>>>

锰元素参与葡萄植株的呼吸过程，在有微量锰元素的情况下，植株的呼吸过程增强，有利于细胞内的各种物质的转化。在树体内，锰元素与铁元素有一定的相互关系：当树体缺锰时，树体内低铁离子浓度增高，能引起铁过量症；而当锰过量时，低铁离子过少，易发生缺铁症。

[症状] 缺锰时，主要表现在叶片上，新梢基部叶片最先发病，幼叶表现症状，叶脉间组织褪绿黄化，出现细小黄色斑点，斑点类似花叶症状（图 3-12）。后期叶肉组织进一步黄化，叶脉两旁叶肉仍保留绿色，果穗成熟晚。进一步缺锰，会影响新梢、叶片、果粒的生长与成熟。缺锰果实成熟时，果穗间夹生绿色的果实（图 3-13）。

图 3-12　缺锰叶片症状

图 3-13　缺锰果穗间夹生绿果

〔发生规律〕 锰的功能是促进酶的活动，协助叶绿素的形成。植物吸收离子态的锰，在体内不易运转。缺锰症状主要发生于碱性土、沙土。土壤中锰来源于锰铁矿石的分解，氧化锰或锰离子存在于土壤溶液中并被吸附在土壤胶体内，在酸性土壤中一般不会缺锰，若土壤质地黏重，通气不良，地下水位高，碱性土壤，易发生缺锰症。分析表明，叶柄含锰 3～20mg/kg 时，可出现缺锰症状。

〔防治方法〕

1）增加施用优质的有机肥料，有预防缺锰的作用。每亩用硫酸锰 1～2kg，与有机肥或硫酸铵、氯化钾、过磷酸钙等生理酸性肥料混合条施或穴施，作为基肥。

2）叶面喷肥：在开花前用 0.3% 的硫酸锰液加 0.15% 石灰进行叶面喷施，间隔 7 天，连续喷 2 次。溶液配法为：在 25L 水中加入 0.15kg 硫酸锰，使其充分溶解，另外称取 0.075kg 生石灰，先用少量水使其消解，把消解的石灰加入另一容器中的 25L 水中，充分搅拌。然后将以上两种溶液倒在一起搅匀即可喷洒。

10. 缺锌症 >>>>

葡萄对土壤缺锌十分敏感，锌对果实发育和色素形成有重要的促进作用。

〔症状〕 缺锌症主要表现在果穗上，严重时也可在新梢叶片上表现症状。缺锌时，各种生理代谢过程发生紊乱。叶片失绿，新梢节间缩短，小叶丛生，光合作用减弱，产量降低，品质下降。在果穗上主要影响种子形成和果粒的正常生长，造成果穗生长散乱，果粒大小不一（图 3-14）。叶片上多表现为叶片小、叶缘锯齿变尖、叶片不对称、叶肉出现斑驳、叶片基部裂片发育不良等。

图 3-14　缺锌果粒大小不一

〔发生规律〕 锌是植物正常生长发育所必需的微量元素之一。它是一些酶的组成成分，与生长素的合成和核糖核酸的合成、细胞的分裂和光合作用有密切关系。它能促进叶绿素的形成，参与碳水化合物的转化。能提高植物的抗病性、抗寒性和耐盐性。

土壤是提供植株所需锌素的主要来源。土壤供锌不足的原因有两方面，一是土壤本身含量过低，二是土壤可给性差。前者与土壤成土母质有关，后者是由于土壤条件不良引起。土壤中锌的可给性主要受酸碱度、碳酸盐含量、有机质等因素影响。缺锌多发生在 pH 大于 6 的土壤上。

〔防治方法〕

1）加强栽培管理：增施有机肥及农家肥，施用腐熟肥料，适量混施锌肥，提高土壤保锌能力及锌离子含量，促进锌肥的吸收利用。

2）适量喷施锌肥：往年缺锌较重的果园，从花前 2 ~ 3 周开始喷施锌肥，开花前 2 次、落花后 1 次，效果较好。

11. 缺镁症 >>>>

镁是叶绿素的重要组成成分，也是细胞壁胞间层的组成成分，还是多种酶的成分和活化剂，对呼吸作用、糖的转化都有一定影响，可以促进磷的吸收和运输，并可以消除过剩的毒害。果树中以葡萄最容易发生缺镁症。

〔症状〕 缺镁症主要在叶片上表现明显症状，常只有基部叶片发病。初期，在叶缘及叶脉间产生褪绿黄斑，该黄斑沿叶肉组织逐渐向叶内延伸，且褪绿程度逐渐加重，呈黄绿色至黄白色，形成绿色叶脉与黄色叶肉带相间的"虎叶"状（图3-15）。严重时，脉间黄化

图 3-15 缺镁叶片症状

条纹逐渐变褐枯死。

〔发生规律〕 葡萄缺镁症主要是由于土壤中缺镁造成的，缺镁时叶片开始变黄。镁在植株体内可以流动，当镁不足时，可从老组织流入幼嫩组织。所以，症状首先从植株的基部叶片表现出来，在一个叶上，首先在叶边缘和叶脉间的叶肉部分表现。造成缺镁的原因是土壤有机肥不足，酸性土壤或钾肥过多等。

〔防治方法〕

1）加强栽培管理：增施腐熟的农家肥及有机肥，不要偏施速效磷肥及钾肥，科学施用微量元素肥料。酸性土壤中适当施用镁石灰或碳酸镁，中性土壤中施用硫酸镁，补充土壤中有效镁含量。一般每株沟施 200～300g。

2）叶面喷镁：往年缺镁症表现较重的葡萄园，从果粒膨大期开始叶面喷镁，10～15 天 1 次，连喷 2 次左右。一般使用 50～100 倍硫酸镁液均匀喷洒叶面。

12. 缺钙症 >>>>

葡萄的许多生理病因是缺钙，然而土壤和葡萄枝干中含钙量并不低。这说明并不是单纯的缺钙，而是由于钙吸收生理失调或发生障碍，使钙的正常吸收、运转、分布和累积受阻所引起。

〔症状〕 葡萄缺钙时，幼叶脉间及叶缘褪绿，随后在近叶缘处出现针头大小的斑点，叶尖及叶缘向下卷曲，几天后褪绿部分变成暗褐色，并形成枯斑。这种症状可逐渐向下部叶扩展；茎蔓先端顶枯；新根短粗而弯曲，尖端容易变褐枯死（图 3-16）。

图 3-16　缺钙新梢顶端枯死

〔发生规律〕 土壤中过多的氮肥会抑制钙的吸收，但硝态氮可促进钙的吸收及其在叶片中的贮藏，所以秋、冬施硝酸盐肥料能促进钙素营养在枝条中的积累。钾对钙有拮抗作用，过多的钾会抑制钙的吸收，叶片中钙含量与钾含量呈负相关关系。适量的镁可促进钙的吸收，但过量的镁则会替代钙，使钙下降。硼对钙的吸收和运输有很大促进作用。

〔防治方法〕改善葡萄的环境条件，保持一定的土壤水分和钙浓度，合理施肥，采取正确的栽培技术，均可促进钙的吸收和运输，减轻和预防缺钙而引起的生理失调。

常用钙肥有碳酸钙、氧化钙、氢氧化钙、磷酸钙等。钙镁磷肥含 CaO 25% ~30%，MgO 16%，P_2O_5 14% ~18%，SiO_2 40%，也可补充钙的不足。酸性土壤中施用钙肥可以中和土壤酸性，改善土壤物理性状。

13. 缺氮症 >>>>

氮是氨基酸、卵磷脂和叶绿素的重要组成成分，用氮合成蛋白质，构成细胞的原生质。

〔症状〕葡萄植株前期缺氮，新蔓生长势弱，坐果率低，果实大小不均，叶片先变浅绿色，后转黄色，叶片薄而小（图3-17），易早期落叶，嫩梢、叶柄、穗梗变粉红色或红色，新梢生长量减少，细而短，停止生长早。中后期缺氮，基部叶片主脉间出现浅褐色，枯死，叶肉萎蔫，果粒小，不易着色。

〔发生规律〕葡萄从萌芽期开始吸收氮素，开花期和坐果期吸收量达到最大，到果实膨大期为止，吸收开始缓慢下来，进入成熟期以后，果实吸收氮素又有所增加。采收以后，茎和根吸收氮素量有增加趋势。

土壤贫瘠，肥力低，有机

图3-17　缺氮叶小且变黄

质含量和氮素含量低。很少施基肥或使用未腐熟肥均易造成缺氮。一般 7~8 月叶片中氮含量低于 1.3% 时，即缺氮。管理粗放，杂草丛生，消耗氮素，常导致植株缺氮。

〔防治方法〕

1）秋施基肥，基肥用量达到全年施肥量的 60%~80%，混施有机肥和无机氮肥，补充氮素。

2）生长期叶面喷施速效氮肥，可喷 0.3% 尿素水溶液，喷 2~3 次。

3）根据葡萄的生长发育情况，根际用氮肥追肥。

14. 缺磷症 >>>>

磷素一般从葡萄萌芽开始吸收，到果实膨大期以后逐渐减少，进入成熟期几乎停止吸收。但是，在果实膨大期，原贮藏在茎、叶的磷素，大量转移到果实中去。果实采收以后茎、叶内的磷含量又逐渐增加。

〔症状〕葡萄缺磷的症状，一般与缺氮的症状基本相似。缺磷时植株萌芽晚，萌芽率低。叶片变小，叶色暗绿带紫色，叶缘发红焦枯，出现半月形死斑（图 3-18）。坐果率降低，粒重减轻。果实成熟迟，着色差，含糖量低。

〔发生规律〕磷在酸性土壤上易被铁、铝的氧化物所固定而降低磷的有效性；在碱性或石灰性土壤中，磷又易被碳酸钙所固定，所以在酸性强的新垦红黄壤或石灰性土壤，均易出现缺磷现象；土壤熟化度低的及有机质含量低的贫瘠土壤也易缺磷；低温促进缺磷，由于低温影响土壤中磷的释放

图 3-18　缺磷叶缘发红焦枯

和抑制葡萄根系对磷的吸收，而使葡萄缺磷。一般 7~8 月叶片中

磷含量低于0.14%时，即缺磷。

【防治方法】 生长期表现缺磷症时，可叶面喷施磷素肥料。常用的磷素肥料有磷酸铵、过磷酸钙、磷酸钾、磷酸氢二钾、磷酸二氢钾等，其中以磷酸铵效果最好，喷洒剂量为0.3%~0.5%。

📢 提示

1. 葡萄定植时要施足磷肥，常用磷肥有过磷酸钙、磷酸二铵、磷矿石粉、骨粉等。由于磷肥移动性小，而且易被土壤固定，所以磷肥宜深施，集中施。

2. 在施用磷肥和氮肥两种肥料时，分层施比混合施效果更好。即将磷肥施于土壤下层15~20cm，上面覆盖5cm厚的土层，然后再撒施氮肥，覆土。氮肥移动性大，易流失，所以宜浅施。

四、葡萄药害及不良环境反应

1. 药害 >>>>

在葡萄生产管理过程中，喷洒农药过量、错喷或喷洒假农药会造成药害，如不立即采取补救措施，轻者影响葡萄正常生产，造成减产，重者会导致植株死亡。

〔症状〕 葡萄药害主要表现在叶片上，有时果实和嫩梢上也产生。具体药害症状因药剂种类不同而差异很大（图4-1、图4-2）。灼伤型药剂的药害主要表现为局部药害斑或死亡，激素型药剂的药害主

图4-1　除草剂药害症状

要表现为抑制或刺激局部生长，甚至造成落叶及落果。但其共同特点是：先在叶尖或叶缘被害，后是叶面产生药害斑点。果上首先表现在向阳面，呈纵条状药斑或黑点。一旦形成并不迅速扩大，也没有一般病所产生的霉状物或菌丝体等（图4-3）。有时在叶片上产生许多褐色斑块，有时在叶边缘形成褐色干枯斑（图4-4）。

图4-2　2，4-D药害

图4-3　农药过量果实产生药害症状

〔发生规律〕 葡萄药害产生的原因主要是由于用药不当造成的。如使用浓度过高的农药、农药的混配不合理、喷药不安全、防护不周到等造成的。多雨潮湿、高温干旱均可诱发产生药害，树势衰弱可加重药害。

〔防治方法〕

1）合理、正确地使用农药：尽量选用安全农药，一定按说明书配施浓度，不要随意加大浓度。避免在温度过高时用药，有露水或雨后不能马上用药。可湿性粉剂农药一定要稀释均匀，加叶面肥时一定要先把叶面肥充分溶解后再加入药液中，并充分搅拌均匀后再喷施。

图4-4　农药过量叶片产生药害

2）加强栽培管理，培育壮树，提高树体的耐药能力。

⚠️ 注意　发生药害后要及时补救，尽量减轻药剂危害程度，如喷施 0.003% 丙酰芸薹素内酯水剂 1500～2000 倍液、0.136% 赤·吲乙·芸薹可湿性粉剂 2000～3000 倍液及海精灵 3000 倍液等。

2. 二氧化硫伤害 ▷▷▷▷

在工业密集的地区，由工厂烟囱排放大量的废气，可使周围的葡萄园遭受毒害，其中最常见的是二氧化硫（SO_2）的毒害，常使葡萄植株叶片大量脱落。

〔症状〕 二氧化硫中毒以植株中上部的叶片受害较多，下部叶片受害较少。受害初期，叶脉间的叶肉组织出现许多暗褐色至紫色的不规则坏死斑点，病斑直径 1～2mm，一枚叶片少则数十个，多则数百个，同时在靠近叶柄处的叶脉也产生上述的坏死斑，长度数毫米至2cm。随着受害程度的加重，可引起叶片脱落。大气污染常常使大面积果园受害，远看植株上部一片枯黄。

由于受害葡萄植株的大量叶片过早脱落，光合作用大大降低，不但影响产量，而且也使果实的含糖量显著降低，品质变劣；另外，由于大量叶片早落，果穗直接暴露在太阳光下，遇夏季高温容易发生日灼病和炭疽病。

〔发生规律〕 二氧化硫是各种含硫的燃料（如油、煤）在燃烧时的产物之一。一般在石油化工厂、化肥厂、有色金属冶炼厂、发电厂的烟囱均可排放大量的二氧化硫。大气中的二氧化硫通过叶片的气孔进入植物体内，先从气孔周围的细胞逐渐扩散到海绵组织，再侵染至栅栏组织，破坏细胞的叶绿素，并使细胞质与细胞壁分离，引起细胞坏死，并积累许多褐色凝固物。通常幼嫩叶片对二氧化硫较敏感，因而植株中上部叶片受害较重。葡萄是各种果树中对二氧化硫最敏感的一种，一般在气温高、相对湿度大、土壤湿润的条件下，葡萄较易受二氧化硫的毒害。

〔防治方法〕 避免在工厂密集区附近建园和育苗。对受害较轻或短期受害的葡萄园，应加强栽培管理，追施优质速效肥料，使受害的植株得到恢复，以减轻损失。

3. 冻害 >>>>

在北方地区，葡萄冻害是普遍发生的自然灾害之一，几乎每年均有发生。在特殊年份，如遇冬季低温提前来临、极端温度过低、低温持续时间过长或晚霜危害时，葡萄则受到十分严重的伤害，造成极大损失。

〔症状〕 冻害分为休眠期冻害和生长期冻害两种。休眠期冻害主要发生在根部及近地面的树干部位（图4-5），其明显症状表现是枝蔓发芽晚或不发芽，有时发芽长出新梢后不

图4-5 根系受冻后变为黑褐色

久新梢又逐渐枯死，有的新梢则表现为黄叶状；有的表现为上部枝条枯死，而在近地面部分又萌生出许多新枝。剖开近地面处树干，韧皮部变褐色至黑褐色，形成层损伤或坏死；挖开浅层根系，许多细小支根变黑褐色死亡。

生长期冻害主要发生在嫩梢生长期，发芽后如遇强烈低温，则造成嫩梢变黑褐色枯死。

〔发生规律〕 冻害是一种自然气候灾害，主要是冬季严寒造成细胞内结冰，使组织坏死而受害。在冬季，当气温降到一定程度或温度下降太快时，植物细胞内水分（细胞液）凝固成冰，形成细胞内结冰，则细胞迅速死亡。冻害发生最多的部分是根系，因为根系不休眠，当根际温度低于 $-5℃$ 时，则表现冻害。其次是枝蔓和芽眼，可耐 $-20 \sim -18℃$ 低温。

葡萄下架后埋土较晚或埋土层较薄是诱发休眠期冻害发生的主要原因。结果量过大，发生早期落叶，树体营养积累较少，可加重休眠期冻害的发生程度。对于幼树，肥水过大，枝条生长过旺，老化程度不足，易常遭受冻害。

〔防治方法〕

1）选择抗寒砧木的嫁接苗，不用自根苗。

2）采用前促后控技术，促进枝蔓成熟：7月中旬前供应氮肥、水分，促进多长枝叶，7月中旬后多施磷钾肥，控制水分，及早摘心，促进枝条成熟。

3）增加树体贮藏营养的积累：如适当控制结果量；适时采收，减少营养消耗；采后加强肥水管理，及时防治病虫害，延长叶光合作用功能期，增加养分积累。

4）强化抵御低温冷害的防范措施：寒流到来之前，进行灌水和叶面喷水，通过增湿来防寒，减轻冷害；寒流到来时，采取加热增温措施，如点火放烟等。葡萄下架后及时埋土防寒，并适当增加埋土厚度及宽度，提高防寒效果。

4. 雹害 >>>>

雹害是一种自然灾害，在北方葡萄产区经常出现。雹灾一旦发生，轻者枝叶破损、遍体鳞伤；重者裂果、落果、枝蔓断裂，一片狼藉。同时易于引起葡萄枝蔓白腐病的大量发生。

〔症状〕 雹害可以发生在葡萄的枝蔓、叶片、果实、穗轴等各部位，但以叶片和果实受害损失最重，主要受害特点是造成大量机械伤口。叶片受害，造成叶片支离破碎或脱落。果实受害，果粒脱落或果面产生机械伤口，该伤口易受灰霉病菌、白腐病菌、软腐病菌、酸腐病菌等感染，而导致果粒腐烂。枝蔓及穗轴受害，其表面产生许多破损机械伤，常导致树势衰弱（图4-6）。

图4-6 葡萄受雹害症状

〔发生规律〕 雹害是一种气象灾害，由于突降冰雹而造成。雹害发生后，轻者造成叶片支离破碎、枝蔓伤痕累累、果面产生伤口，影响树势、产量及葡萄品质；重者导致绝产、绝收，甚至植株死亡。

〔防治方法〕 预防雹害的首要措施就是在果园内架设防雹网，避免或减轻冰雹对葡萄的直接危害。其次，发生雹害后，及时喷药防治其他病菌感染，避免造成更大损失。一般使用50%克菌丹可湿性粉剂500~600倍液 + 70%甲基硫菌灵可湿性粉剂800~1000倍液混合喷洒效果较好，也可选用30%戊唑·多菌灵悬浮剂800~1000倍液喷洒等。

5. 盐害 >>>>

葡萄盐害的发生是由于土壤中盐分过多而引起的一种生理病害。

〔症状〕 盐碱地栽植葡萄易发生盐害，一般表现为植株矮小，新梢前端的嫩叶黄化，叶片失绿变黄，沿叶脉间干枯变褐而落叶，新梢生长缓慢，根系不能正常生长，吸收根均死亡（图4-7）。

〔发生规律〕 土壤中盐分过多，会使土壤溶液的浓度增高，造成葡萄根系吸水困难，甚至会使根系细胞的水分外渗抑制植株的生长。据测定，当土壤盐分超过 0.4% 时，葡萄即会出现受害现象。

土壤中当某种离子的含量过剩，就形成离子不平衡的土壤溶液，此时对葡萄会产生单盐毒害。会使叶绿体内蛋白质的合成受到破坏，使叶绿体与蛋白质的结合削弱，导致叶片失绿。

图 4-7 盐碱地葡萄
叶片大面积变黄

葡萄是落叶果树中比较抗盐碱的树种，在 pH 为 9、含盐量 0.4% 的土壤中仍可正常生长，因而是改良盐碱地的首选果树树种。适于盐碱地栽培的品种有莎芭珍珠、葡萄园皇后、保尔加尔、玫瑰香、尼姆兰格、粉红太妃、自雅、白羽等。

〔防治方法〕

1）在盐碱地区建园前，首先要开深沟排碱，降低地下水位。进行盐碱地改良的基础工作。含盐特别高的地块，需换土。铺沙可防止返碱，减轻危害。

2）晚栽、浅栽。以晚春时间，深度为 15～20cm 栽植的植株成活较好，定植时挖深穴，多施有机肥，这样可改良土壤的物理性质，同时还可提高土壤肥力，而且有机肥在分解时，还会产生各种有机酸，中和土壤的碱性。

3）雨季前浇水能起压盐作用。一般葡萄生长前期浇水 2～3 次。浇水过多，会降低地温。还要注意水质，不可用含盐碱量高的水。

4）盐碱地葡萄有效生长期短，后期加强摘心，可抑制生长，促进枝条成熟。

⚠ **注意** 建园时，选择健壮苗木。要避免在盐碱地育苗，盐碱地扦插育苗，生根难，出苗率低，苗木弱，枝条成熟度差。

6. 沙尘暴害 >>>>

葡萄遭受沙尘暴危害是近几年来普遍发生的一种自然灾害，尤其是在早春的北方地区，一般出现3~5次沙尘暴，漫天蔽日的沙尘，一方面摔打葡萄的枝叶、花序；另一方面风干枝蔓间的水分，造成葡萄树体水分短缺，枝叶萎蔫；同时，沙尘暴的出现，会相伴出现一段时间的低温天气，从而影响了葡萄的萌芽、枝叶的生长与花序的延伸，给葡萄的生产带来一系列不良影响。

〔症状〕 风沙天气对葡萄的伤害主要是表现为幼叶上出现多数微小的暗色坏死斑点，使叶片皱缩、畸形，严重时边缘坏死干枯。风沙较大时，叶片还会出现破碎，破碎叶片边缘会出现干枯。

风沙较大、持续时间较长时，则引起叶片脱落、枝蔓折断。

长时间的风沙、低温天气，会降低叶片的光合速率和增强叶片与新梢的蒸腾作用，嫩梢和叶片易出现失水、萎蔫现象，导致生长停滞，生长点坏死。从而导致新梢发育不良，树势衰弱。

〔发生规律〕 在"三北"（西北、华北、东北）地区种植的葡萄园，易遭受沙尘暴的危害；在内陆地区，土壤沙尘量大、春季多风的葡萄园，也易发生风沙害。春季干旱会加重风沙害的危害。葡萄园建在风口位置、地势高燥、缺乏防护林的地区，风沙害较重。

〔防治方法〕

1）科学建园，园地选择应在避风向阳、沙尘量较小的地块建园。

2）设立防护林带，在风沙较大的地区建园时，应建立防护林带或其他防风屏障。

3）在土壤沙质、风沙较大的地段建园后，应于早春葡萄出土上架后，及时进行地面灌水、地面覆盖，减少空中沙尘量。

五、葡萄病虫害综合防治技术

葡萄病虫害种类繁多，发生条件复杂，分布广泛，每年因病虫为害而造成的经济损失巨大，尤其是葡萄炭疽病、白腐病、黑痘病和霜霉病这四大病害直接影响着葡萄的生长发育和产量。要想控制葡萄病虫的为害，就必须认真贯彻执行"预防为主、综合防治"的植保方针，经济有效地将一种或多种主要病虫的为害降到最低限度，又不会造成对整个农业生态系统的不良影响。综合防治主要有植物检疫、生物防治、农业防治、物理防治和化学防治等。

1. 植物检疫 >>>>

植物检疫可以有效地防止外来危险病虫害传入。当一种病虫害传入一个新的地区后，由于外界环境条件的改变，在原地区可能并不严重的病虫害，到新地区后则可能会暴发流行。如18世纪欧洲暴发的根瘤蚜为害，所以，植物检疫是防治病虫，尤其是外来病虫害最为重要的一道程序。

2. 生物防治 >>>>

随着人们生活水平的提高，对绿色果品的要求越来越迫切，对葡萄病虫的防治应大力推广生物防治。生物防治就是利用有益生物或生物的代谢产物防治病虫的方法，主要措施如下。

1）以虫治虫：即利用寄生性和捕食性天敌昆虫控制虫害的发生。如利用寄生蜂、寄生蝇等控制害虫。

2）以菌治虫：即利用有益微生物控制虫害的方法。如用苏云金杆菌（Bt）等防治病虫。

3）以菌治病：利用有益微生物控制病害的方法。如利用增产菌防治病害等。

4）利用抗生素和昆虫激素等防治病虫害：如利用链霉素防治一些细菌病害、农抗120防治葡萄白粉病、炭疽病，利用武夷霉素防治葡萄灰霉病等。

5）植物源或植物杀虫杀菌剂：如利用除虫菊、鱼藤、巴豆、苦参控制一些虫害。生物防治的优点是对人、畜比较安全，环境污染小，是防治病虫害，提高果品质量的方向。

3. 农业防治 >>>>

根据农业生态系统中各种病虫、作物、环境条件三者之间的关系，结合作物整个生产过程中一系列管理技术措施，有目的地改变病虫生活条件和环境条件，使之不利于病虫的发生发展，而有利于作物的生长发育。在葡萄上主要采用以下措施。

（1）人工防治

1）在葡萄休眠期，北方葡萄进行防寒保护，以免遭受冻害或被冻死。同时结合防寒前和休眠期的修剪，剪除病虫枝、病果僵果，彻底清除园内的杂草、落叶、病虫枝蔓等病残体，以减少越冬病虫数量。

2）在葡萄生长期，加强田间管理，及时修剪过密的枝蔓，勤绑蔓、打尖、掐副梢，使园内通风透光良好。

3）在肥水管理上，要适当多施有机肥，少施化肥。在化肥中要适当多施磷钾肥，少施氮肥，同时注意铁、硼、锰、锌和钙等微量元素的使用，以增强树势，提高树体的抗病虫能力。在少雨季节，要适当浇水。以保证葡萄生长发育和结果的需要。在雨季要注意排水。尤其是渗水性差的黏土地，更要及时排水，以免烂根病和其他病害的发生。

4）杂草多的果园发病重、害虫多，在生长季节要及时锄草、中耕。这样既消灭了杂草，减轻病虫为害，还可活化土壤，增强土壤的理化性和通透性，有利于根系生长发育。

5）应用套袋技术和避雨栽培。果实套袋后，可使果穗表面光洁、着色好、糖度高、质量好、同时减轻了大多数病虫的为害。在南方多雨的地区，如炭疽病等较难防治，为减轻病害的发生，可应用避雨栽培方法，即给葡萄搭棚，避免葡萄遭雨淋，可减轻病菌的传播、侵染和为害。

6）根据市场需求选用品种，最好选用抗病且不携带有害生物的品种或接穗。对于病毒病没有好的药剂防治，所以在建园时最好选用无病毒苗木。

7）建园前要平整土地，挖好水渠和排水沟，使排灌方便，减少园内积水，增强树势，减轻根病或线虫传染。建园时做好葡萄园规划设计，合理密植，改善生态条件，促进天敌数量增加，控制病虫为害；不在老果园上开辟新果园。

（2）培育无毒苗木和抗病虫的优良新品种　茎尖培养的苗木已在生产中得以应用，有些抗病虫新品种也初步培育成功，应该充分利用这些现代生物技术提高葡萄病虫害防治水平，以促进葡萄的产量和品质。

（3）引进发展无病毒优良品种　在新建园引进种苗和插条时，必须进行严格的检疫，对有检疫对象的苗木必须彻底烧毁。

4. 物理防治　>>>>

采用物理方法控制植物病虫害的发生及其危害，也是常用的治理病虫的方法。在葡萄园常用的如设置黑光灯诱杀金龟子、夜蛾、葡萄天蛾、螟蛾、叶蝉等；保护地内通过定期高温闷棚可明显减轻葡萄霜霉病的发生和为害；利用40℃左右的温水杀死苗木、接穗上携带的缺节瘿螨等害虫；设置银色反光膜防虫、黄色板诱集蚜虫、性诱剂等诱杀一些害虫；果实套袋也是减轻病虫害发生的有效办法。

5. 化学防治　>>>>

化学防治是近年来控制病虫的常用方法。优点是高效、速效、使用方便。近年来因过度依赖药剂，以及使用方法不当带来了许多问题，如对生态环境、果品质量、病虫抗性、天敌生物等方面的不良影响。但化学工业也是在不断地发展进步中，在目前强调绿色果品的时期也不应过度排除化学防治的作用，只有不断地总结经验，才能做到合理使用，发挥化学农药的优势。

（1）农药的种类

1）微生物源农药：防治真菌的农用抗生素类有灭瘟素、春雷霉素、井冈霉素、中生霉素、多抗霉素、农抗120。防治螨类的有浏阳霉素、华光霉素（日光霉素、尼可霉素）、阿维菌素（齐螨素、妥福丁、虫螨克、7051、杀虫素）、多效霉素（多氧霉素、宝利安）。活体微生物农药有真菌剂，如蜡蚧轮枝菌；细菌剂，如苏云金杆菌、蜡质芽孢杆菌、杀螟杆菌、青虫菌6号、白僵菌制剂；拮抗菌剂等。

2）昆虫生长调节剂（苯甲酰基脲类杀虫剂）：有灭幼脲、氟啶脲（抑太保）、氟铃脲（杀铃脲、农梦特）、噻嗪酮、氟虫脲等。

3）动物源农药：有昆虫性信息引诱剂类，如桃小食心虫及黏虫性诱剂等；活体人工饲养的寄生性、捕食性天敌动物，如草岭、寄生蜂类。

4）植物类农药：分为杀虫剂，如烟碱、除虫菊素、苦参碱、鱼藤酮、茼蒿素、松脂合剂；杀菌剂，如大蒜素；拒避剂，如印楝素；增效剂，如芝麻素等。

5）矿物源农药：包括机油乳剂、柴油乳剂、硫酸铜、硫酸锌、硫酸亚铁、硫悬浮剂、高锰酸钾、硫黄等配制的各种制剂，如波尔多液、石灰硫黄合剂。

6）人工合成的低毒、低残留的化学农药：杀虫杀螨剂有敌百虫、辛硫磷、马拉硫磷、吡虫啉、双甲脒、四螨嗪、噻螨酮。杀菌剂有三唑酮、戊二醛；代森锰锌类；甲基硫菌灵、多菌灵、百菌清；异菌脲、氟硅唑、甲霜灵等。

（2）合理选择农药　在选择农药时，要注意以下几点：一是要到知名度高、实力雄厚、信誉较好的农药公司或商店购买农药；二是购买农药时，要认真查看所需农药的标志说明、商标、生产厂家、生产日期、有效期限、防伪标记等，注意查看其有效成分，商品名称和化学名称，防止购买同物异名或同名异物的农药；三是购买农药时要索取正规发票，并认真保留，作为原始凭据维权时使用或以后购药时参考；四是有条件时，可进行现场检验农药真伪。方法是：乳油剂型农药，液面上如漂浮一层油花，则为不合格农药；对于可湿性粉剂和悬浮剂等农药，可将少量农药放入矿泉水瓶中，让其自然溶解，然后摇动，放置半小时后，如发现有沉淀分层现象，则为假药。

（3）科学使用农药　目前，化学防治仍然是防治葡萄病虫害的主要措施。按照上述方法购买到好药、真药后，要科学使用农药，才能真正起到防治病虫害的作用。科学用药，主要包括对症用药，适时用药。一是要正确识别病虫害的种类，选择适宜的农药种类；二是注意使用时期、混合使用要合理，要根据病虫预测预报和消长规律适时喷药，病虫害在经济阈值以下时尽量不喷药，同时注意不同作用机理的农药交替使用和合理混用；三是按照规定的浓度，每季最多使用次数和安全间隔期按要求使用农药，部分农药的要求如

表5-1所示。不随意提高施药浓度,以免增加害虫的抗药性,必要时可更换农药种类;四是注意用药质量,喷药时要注意均匀、周到、细致,重点喷洒叶背,同时兼顾新梢、花序、果穗等;五是注意农药使用要合法,不能使用国家禁止使用的农药。

表5-1　葡萄生产中甲霜灵锰锌和腐霉利的使用标准

标准编号	农药	剂型及含量	防治对象	稀释倍数	每季最多使用次数	安全间隔期/天[2]	最大残留限度(MRL值)(mg/kg)
GB/T 8321.5—1997	甲霜灵锰锌[1]	58%可湿性粉剂	霜霉病	500~800	3	21	甲霜灵为1
GB/T 8321.6—2000	腐霉利	50%可湿性粉剂	灰霉病	75~150	3	14	5

①甲霜灵10%,代森锰锌48%。

②指为避免农药残留超标,施药距果实采收所必须达到的最少天数。

(4)农药混施时应注意的问题　将两种或两种以上不同作用和机理的农药混合使用,可延缓病虫抗药性的产生。如除虫菊酯和有机磷混用,甲霜灵和代森锰锌混用,灭菌丹和多菌灵混用,都比用单剂效果好。农药的混用必须遵循下列原则:一是要有明显的增效作用;二是对植物不能发生药害,对人、畜的毒性不能超过单剂,对天敌昆虫不能构成大的威胁;三是扩大防治对象,能多虫兼治或病虫兼治。这样既减少了喷药次数和节约了时间,又降低了用工成本。即便混配农药也不能长期使用,否则同样会产生抗药性,甚至病虫对多种农药同时产生抗性,其后果会更加严重。混配药剂有两种,一是喷药前自行配制,但必须随配随用,不能放置时间太长;二是农药生产厂家出品的混配剂。目前混配药剂有:杀菌剂之间的混配,如甲霜灵和代森锰锌混配成的甲霜锰锌,既有保护作用,又有治疗效果。杀虫剂之间混配,如马拉硫磷和氰戊菊酯混配的菊马乳油,兼有胃毒、触杀和内吸作用,能防治蚜虫、叶螨和多种鳞翅目害虫。杀虫剂和杀菌剂混配的农药,如三唑酮与马拉硫磷混用,可兼治白粉病、锈病和蚜虫、地下害虫。

附　录

附录 A　无公害食品　鲜食葡萄生产技术规程

（NY/T　5088—2002）

1　范围

本标准规定了无公害食品鲜食葡萄生产应采用的生产管理技术。
本标准适用于露地鲜食葡萄生产。

2　规范性引用文件

下列文件中的条款通过本标准的引用而成为本标准的条款。凡是注日期的引用文件，其随后所有的修改单（不包括勘误的内容）或修订版均不适用于本标准，然而，鼓励根据本标准达成协议的各方研究是否可使用这些文件的最新版本。凡是不注日期的引用文件，其最新版本适用于本标准。

NY/T　369　葡萄苗木

NY/T　470　鲜食葡萄

NY/T　496—2002　肥料合理使用准则　通则

NY　5086　无公害食品　鲜食葡萄

NY　5087　无公害食品　鲜食葡萄产地环境条件

中华人民共和国农业部公告　第199号（2002年5月22日）

3　要求

3.1　园地选择与规划

3.1.1　园地选择

3.1.1.1　气候条件

适宜葡萄栽培地区最暖月的平均温度在16.6℃以上，最冷月的平均气温应该在 -1.1℃以上，年平均温度8~18℃；无霜期120天以上；年降水量在800mm以内为宜，采前一个月内的降雨量不宜超过50mm；年日照时数2000h以上。

3.1.1.2 环境条件

按照 NY 5087 的规定执行。

3.1.2 园地规划设计

葡萄园应根据面积、自然条件和架式等进行规划。规划的内容包括作业区、品种选择与配置、道路、防护林、土壤改良措施、水土保持措施、排灌系统等。

3.1.3 品种选择

结合气候特点、土壤特点和品种特性（成熟期、抗逆性和采收时能达到的品质等），同时考虑市场、交通和社会经济等综合因素制定品种选择方案。

3.1.4 架式选择

埋土防寒地区多以棚架、小棚架和自由扇形篱架为主；不埋土防寒地区的优势架式有棚架、小棚架、单干双臂篱架和"高宽垂"T型架等。

3.2 建园

3.2.1 苗木质量

苗木质量按 NY/T 369 的规定执行。建议采用脱毒苗木。

3.2.2 定植时间

不埋土防寒地区从葡萄落叶后至第二年萌芽前均可栽植，但以上冻前定植（秋栽）为好；埋土防寒地区以春栽为好。

3.2.3 定植密度

单位面积上的定植株数依据品种、砧木、土壤和架式等而定，常见的栽培密度见表 A-1。适当稀植是无公害鲜食葡萄的发展方向。

表 A-1　栽培方式及定植株数

方式	株行距/m	定植株数/667m²
小棚架	(0.5～1.0) × (3.0～4.0)	166～444
自由扇形	(1.0～2.0) × (2.0～2.5)	134～333
单干双臂	(1.0～2.0) × (2.0～2.5)	134～333
高宽垂	(1.0～2.5) × (2.5～3.5)	76～267

3.2.4 定植

3.2.4.1 苗木消毒

定植前对苗木消毒，常用的消毒液有 3～5 波美度石硫合剂或

1%硫酸铜。

3.2.4.2　挖定植坑（沟）

挖0.8~1.0m宽，0.8~1.0m深的定植坑或定植沟改土定植。

3.3　土、肥、水管理

3.3.1　土壤管理

以下几种葡萄土壤管理方法应根据品种、气候条件等因地制宜灵活运用。

3.3.1.1　生草或覆盖：提倡葡萄园种植绿肥或作物秸秆覆盖，提高土壤有机质含量。

3.3.1.2　深耕翻：一般在新梢停止生长、果实采收后，结合秋季施肥进行深耕，深耕20~30cm。秋季深耕施肥后及时灌水；春季深耕较秋季深耕深度浅，春耕在土壤化冻后及早进行。

3.3.1.3　清耕：在葡萄行和株间进行多次中耕除草，经常保持土壤疏松和无杂草状态，园内清洁，病虫害少。

3.3.2　施肥

3.3.2.1　施肥的原则

按照NY/T　496—2002规定执行。根据葡萄的施肥规律进行平衡施肥或配方施肥。使用的商品肥料应是在农业行政主管部登记使用或免于登记的肥料。

3.3.2.2　肥料的种类

3.3.2.2.1　允许施用的肥料种类

3.3.2.2.1.1　有机肥料

包括堆肥、沤肥、厩肥、沼气肥、绿肥、作物秸秆肥、泥炭肥、饼肥、腐殖酸类肥、人畜废弃物加工而成的肥料等。

3.3.2.2.1.2　微生物肥料

包括微生物制剂和微生物处理肥料等。

3.3.2.2.1.3　化肥

包括氮肥、磷肥、钾肥、硫肥、钙肥、镁肥及复合（混）肥等。

3.3.2.2.1.4　叶面肥

包括大量元素类、微量元素类、氨基酸类、腐殖酸类肥料。

3.3.2.2.2　限制施用的肥料

限量使用氮肥、限制使用含氯复合肥。

3.3.2.3　施肥的时期和方法

葡萄一年需要多次供肥。一般于果实采收后秋施基肥，以有机肥为主，并与磷钾肥混合施用，采用深40~60cm的沟施方法。萌芽前追肥以氮、磷为主，果实膨大期和转色期追肥以磷、钾为主。微量元素缺乏地区，依据缺素的症状增加追肥的种类或根外追肥。最后一次叶面施肥应距采收期20天以上。

3.3.2.4　施肥量

依据地力、树势和产量的不同，参考每产100kg浆果一年需施纯氮（N）0.25~0.75kg，磷（P_2O_5）0.25~0.75kg、钾（K_2O）0.35~1.1kg的标准测定，进行平衡施肥。

3.3.3　水分管理

萌芽期、浆果膨大期和入冬前需要良好的水分供应。成熟期应控制灌水。多雨地区地下水位较高，在雨季容易积水，需要有排水条件。

3.4　**整形修剪**

3.4.1　冬季修剪

根据品种特性、架式特点、树龄、产量等确定结果母枝的剪留强度及更新方式。结果母枝的剪留量为：篱架架面8个/m^2左右，棚架架面6个/m^2左右。冬剪时根据计划产量确定留芽量：

留芽量=计划产量/（平均果穗重×萌芽率×果枝率×结实系数×成枝率）

3.4.2　夏季修剪

在葡萄生长季的树林管理中采用抹芽、定枝、新梢摘心、处理副梢等夏季修剪措施对树体进行控制。

3.5　**花果管理**

3.5.1　调节产量

通过花序整形、疏花序、疏果粒等办法调节产量。建议成龄园每667m^2的产量控制在1500kg以内。

3.5.2　果实套袋

疏果后及早进行套袋，但需要避开雨后的高温天气，套袋时间不宜过晚。套袋前全园喷布一遍杀菌剂。红色葡萄品种采收前 10 ～ 20 天需要摘袋。对容易着色和无色品种，以及着色过重的西北地区可以不摘袋，带袋采收。为了避免高温伤害，摘袋时不要将纸袋一次性摘除，先把袋底打开，逐渐将袋去除。

3.6　病虫害防治

3.6.1 病虫害防治原则

贯彻"预防为主，综合防治"的植保方针。以农业防治为基础，提倡生物防治，按照病虫害的发生规律科学使用化学防治技术。

化学防治应做到对症下药，适时用药；注重药剂的轮换使用和合理混用；按照规定的浓度、每年的使用次数和安全间隔期（最后一次用药距离果实采收的时间）要求使用。对化学农药的使用情况进行严格、准确的记录。

3.6.2　植物检疫

按照国家规定的有关植物检疫制度执行。

3.6.3　农业防治

秋冬季和初春，及时清理果园中病僵果、病虫枝条、病叶等病组织，减少果园初侵染菌源和虫源。采用果实套袋措施。合理间作，适当稀植。采用滴灌、树下铺膜等技术。加强夏季管理，避免树冠郁蔽。

3.6.4　药剂使用准则

3.6.4.1　禁止使用剧毒、高毒、高残留、有"三致"（致畸、致癌、致突变）作用和无"三证"（农药登记证、生产许可证、生产批号）的农药。禁止使用的常见农药见附录 E。

3.6.4.2　提倡使用矿物源农药、微生物和植物源农药。常用的矿物源药剂有（预制或现配）波尔多液、氢氧化铜、松脂酸铜等。

3.7　植物生长调节剂使用准则

允许赤霉素在诱导无核果、促进无核葡萄果粒膨大、拉长果穗等方面的应用。

3.8　除草剂的使用准则

禁止使用苯氧乙酸类（2，4-D、MCPA 和它们的酯类、盐类）、二苯醚类（除草醚、草枯醚）、取代苯类除草剂（五氯酚钠）除草剂；允许使用莠去津，或在葡萄上登记过的其他除草剂。

　3.9　采收

　葡萄果实的采收按照 NY/T　470 的有关规定执行。

附录 B　无公害葡萄生产中主要
病虫害防治历

日期	物候期	主要病虫害	防治技术	备注
11月~翌年3月中旬	休眠期	越冬菌源和虫源：白腐病、黑痘病、炭疽病、褐斑病、黑腐病、螨类蚧壳虫、叶甲、透翅蛾	1. 结合冬季修剪，剪除各种病虫枝、叶、干枯果穗 2. 清园后对树木喷 1 次 1:1:200 石硫合剂或 30 倍晶体石硫合剂	结合秋翻土施基肥
3月中旬~4月上旬	萌芽~露白前	炭疽病、黑腐病、白腐病、黑痘病、蚧壳虫、毛毡病	1. 芽开始膨大时喷 1 次 1:0.5:200 石硫合剂或 30 倍晶体石硫合剂 2. 喷 80% 波尔多液（必备）可湿性粉剂 400 倍液	禁用五氯酚钠
4月中旬~5月上旬	新梢展叶开花前	黑痘病、霜霉病、灰霉病、穗轴褐枯病	1. 发病前 80% 代森锰锌（大生）可湿性粉剂 600~800 倍液或 20% 多菌灵可湿性粉剂 500 倍液，每隔 7~10 天喷 1 次，连喷 2~3 次 2. 黑痘病发生初期喷 40% 氟硅唑（福星）乳油 6000 倍，间隔 10 天喷 2 次 3. 灰霉病在花前 15 天和 2 天喷 50% 腐霉利（速克灵）或 50% 异菌脲（扑海因）1000 倍液	避雨栽培保花

（续）

日期	物候期	主要病虫害	防治技术	备注
5月中下旬~6月中下旬	落花后~幼果膨大期	黑痘病、炭疽病、灰霉病、霜霉病、蚧壳虫、金龟子、叶蝉、透翅蛾、螨类	1. 发病前喷75%代森锰锌（易保）水分散粒剂1500倍液，每隔5~7天喷1次，连喷2次 2. 黑痘病发生初，喷40%氟硅唑（福星）600~700倍液，每隔8~10天喷1次，连喷2~3次 3. 霜霉病发生初，喷72%霜脲锰锌（克露）600~700倍液或50%甲霜锰锌1500倍液，每隔5~7天喷1次，连喷2~3次 4. 若雨水多，霜霉病发生严重时，可使用52.5%恶唑菌酮·霜脲氰（抑快净）2000~3000倍液 5. 如发生虫害，喷药时可混用10%杀螨净1500~2000倍液或吡虫啉300倍液	限量使用吡效隆膨大剂
6月下旬~7月上旬	浆果硬核期~着色初期	白腐病、炭疽病、霜霉病、白粉病、金龟子	1. 发病前喷75%代森锰锌（易保）水分散粒剂1000~1500倍液，每隔10天喷1次，连续喷2次 2. 72%霜脲锰锌（克露）700倍液，每隔7天喷1次 3. 40%氟硅唑（福星）6000倍液或10%苯醚甲环唑（世高）600~700倍液 4. 75%百菌清可湿性粉剂800~1000倍液 5. 77%氢氧化铜（可杀得）可湿性粉剂400~500倍液	增施钙肥，防缩果病，防鸟害，套袋

（续）

日期	物候期	主要病虫害	防治技术	备注
7 月中旬~8 月	浆果着色期~浆果完全成熟期	炭疽病、白粉病、白腐病、吸果夜蛾	1. 15%三唑酮（粉锈宁）可湿性粉剂 1500 倍液 2. 52.5%恶唑菌酮·霜脲氰（抑快净）2500 倍液 3. 防虫害加氟氯氰菊酯（百树得）2000~3000 倍液	注意农药安全间隔期
9~10月	新梢成熟~落叶期	霜霉病、白粉病、锈病、叶斑病	1. 72%霜脲锰锌（克露）700~800 倍液，每隔 7~10 天喷 1 次，连喷 2 次 2. 15%三唑酮（粉锈宁）可湿性粉剂 1500 倍液 3. 波尔多液 0.7∶240	

注：早熟品种或晚熟品种按生育期和病虫害发生迟早，防治时期相应作调整。

附录 C　无公害葡萄生产中允许使用的部分杀菌剂简表

种　类	毒性	稀释倍数和使用方法	防治对象
5%菌毒清	低毒	600 倍，叶面喷雾	霜霉病、黑痘病、炭疽病
80%代森锰锌可湿性粉剂	低毒	600~800 倍，叶面喷雾	霜霉病、灰霉病、炭疽病、褐斑病、白腐病
70%甲基硫菌灵可湿性粉剂	低毒	800~1000 倍，叶面喷雾	霜霉病、黑痘病、炭疽病
50%多菌灵可湿性粉剂	低毒	600~800 倍，叶面喷雾	霜霉病、黑痘病、炭疽病
40%氟硅唑乳油	低毒	6000~8000 倍，叶面喷雾	褐斑病、炭疽病、白腐病
波尔多液	低毒	石灰等量式或多量式 200 倍	霜霉病、褐斑病、白腐病

（续）

种　类	毒性	稀释倍数和使用方法	防　治　对　象
70% 乙膦铝可湿性粉剂	低毒	500～600 倍，叶面喷雾	霜霉病、褐斑病、白腐病、炭疽病
5% 三唑酮乳油	低毒	1500 倍，叶面喷雾	白粉病
石硫合剂	低毒	发芽前，喷洒树干	越冬害虫，蚧壳虫等
75% 百菌清	低毒	600～800 倍，叶面喷雾	褐斑病、炭疽病、白腐病

附录 D　无公害葡萄生产中允许使用的部分杀虫剂简表

种　类	毒性	稀释倍数和使用方法	防　治　对　象
1.8% 阿维菌素乳油	低毒	4000～5000 倍，喷施	叶螨、金纹细蛾等
0.3% 苦参碱水剂	低毒	800～1000 倍，喷施	蚜虫、叶螨等
10% 吡虫啉可湿性粉剂	低毒	5000 倍，喷施	蚜虫、金纹细蛾等
3% 啶虫脒乳油	中毒	2000～2500 倍，喷施	蚜虫、桃小食心虫等
25% 灭幼脲三号浮剂	低毒	1000～1500 倍，喷施	天蛾类、桃小食心虫等
50% 辛脲乳油	低毒	1500～2000 倍，喷施	天蛾类、桃小食心虫等
50% 蛾螨灵乳油	低毒	1500～2000 倍，喷施	天蛾类、桃小食心虫等
50% 辛硫磷乳油	低毒	1000～1500 倍，喷施	蚜虫、桃小食心虫等
5% 噻螨酮乳油	低毒	2000 倍，喷施	叶螨类

（续）

种　　类	毒性	稀释倍数和使用方法	防 治 对 象
10% 浏阳霉素乳油	低毒	1000 倍，喷施	叶螨类
15% 哒螨灵乳油	低毒	3000 倍，喷施	叶螨类
苏云金杆菌可湿性粉剂	低毒	500 ~ 1000 倍，喷施	卷叶虫、尺蠖、毛虫类
10% 烟碱乳油	中毒	800 ~ 1000 倍，喷施	蚜虫、叶螨、卷叶虫等
25% 噻嗪酮可湿性粉剂	低毒	1500 ~ 2000 倍，喷施	蚧壳虫、叶蝉类
5% 氟啶脲乳油	中毒	1000 ~ 2000 倍，喷施	卷叶虫、桃小食心虫、毛虫类

附录 E　无公害葡萄生产中国家禁用农药

种类	农药名称
有机磷类杀虫剂	甲拌磷、乙拌磷、久效磷、对硫磷、甲胺磷、甲基对硫磷、甲基异柳磷、氧化乐果、磷胺
氨基甲酸酯类杀虫剂	克百威、涕灭威、灭多威
二甲基甲脒类杀虫杀螨剂	杀虫脒
有机氯杀螨剂	三氯杀螨醇
有机硫杀螨剂	克螨特
有机氯杀虫剂	滴滴涕、六六六、林丹
氟制剂	氟化钠、氟乙酰胺
砷制剂	福美砷及其他砷制剂

附录 F　常见计量单位名称与符号对照表

量 的 名 称	单 位 名 称	单 位 符 号
长度	千米	km
	米	m
	厘米	cm
	毫米	mm
面积	公顷	ha
	平方千米（平方公里）	km^2
	平方米	m^2
体积	立方米	m^3
	升	L
	毫升	mL
质量	吨	t
	千克（公斤）	kg
	克	g
	毫克	mg
物质的量	摩尔	mol
时间	小时	h
	分	min
	秒	s
温度	摄氏度	℃
平面角	度	(°)
能量，热量	兆焦	MJ
	千焦	kJ
	焦［耳］	J
功率	瓦［特］	W
	千瓦［特］	kW
电压	伏［特］	V
压力，压强	帕［斯卡］	Pa
电流	安［培］	A

参 考 文 献

［1］楚燕杰. 葡萄病虫害诊治原色图谱［M］. 北京：科学技术文献出版社，2011.

［2］杨治元. 葡萄病虫害防治［M］. 上海：上海科学技术出版社，2005.

［3］陈爱华，潘铭均，章日华，等. 葡萄病虫害诊治技术［M］. 福州：福建科学技术出版社，2011.

［4］张一萍. 葡萄病虫害诊断与防治原色图谱［M］. 北京：金盾出版社，2005.

［5］王忠跃. 中国葡萄病虫害与综合防控技术［M］. 北京：中国农业出版社，2009.

［6］赵奎华. 葡萄病虫害原色图谱［M］. 北京：中国农业出版社，2006.

［7］姬延伟，焦汇民，李自强. 葡萄病虫害防治彩色图说［M］. 北京：化学工业出版社，2009.

［8］辽宁省科学技术协会. 葡萄病虫害防治新技术［M］. 沈阳：辽宁科学技术出版社，2009.

［9］卜庆雁，周晏起. 葡萄优质高效生产技术［M］. 北京：化学工业出版社，2012.

［10］刘捍中，刘凤之. 葡萄无公害高效栽培［M］. 北京：金盾出版社，2004.

［11］潘兴. 葡萄标准化生产技术［M］. 北京：金盾出版社，2007.

［12］刘崇怀. 优质高档葡萄生产技术［M］. 郑州：中原农民出版社，2003.

［13］王江柱，赵胜建，解金斗. 葡萄高效栽培与病虫害看图防治［M］. 北京：化学工业出版社，2011.

［14］张静. 葡萄优质高效安全生产技术［M］. 济南：山东科学技术出版社，2006.

［15］孙海生. 图说葡萄高效栽培关键技术［M］. 北京：金盾出版社，2009.

［16］周军，陆爱华. 葡萄优质高效栽培实用技术［M］. 南京：江苏科学技术出版社，2012.

［17］杨力，张民，万连步. 葡萄优质高效栽培［M］. 济南：山东科学技术出版社，2009.

［18］王华新. 南方鲜食葡萄优质高效栽培技术［M］. 北京：中国农业出版社，2006.

［19］李翠英. 果树药害形成原因与补救措施［J］. 果农之友，2013（5）：28-29.

［20］刘军. 葡萄病虫害综合防治措施［J］. 天津农林科技，2011（6）：17-18.

［21］张崇丽. 葡萄主要病虫害的防治措施［J］. 农技服务，2013，30（7）：722-723.

［22］王连起，刘玉敏，曲香远，等. 葡萄病虫害综合防治技术［J］. 烟台果树，2006（4）：29-30.

［23］韦红，易金全，钟承茂，等. 红花岗区葡萄大房枯病的发生及防治［J］. 植物医生，2011（4）：28-29.

ISBN：978-7-111-55670-1

定价：59.80 元

ISBN：978-7-111-56476-8

定价：39.80 元

ISBN：978-7-111-46518-8

定价：25.00 元

ISBN：978-7-111-46958-2

定价：29.80 元

ISBN：978-7-111-52107-5

定价：25.00 元

ISBN：978-7-111-57789-8

定价：39.80 元

ISBN：978-7-111-57263-3

定价：39.80 元

ISBN：978-7-111-52460-1

定价：29.80 元

ISBN：978-7-111-49856-8

定价：22.80 元

ISBN：978-7-111-56047-0

定价：25.00 元